現数Lecture Vol.1

数学問題 100選

石谷 茂 著

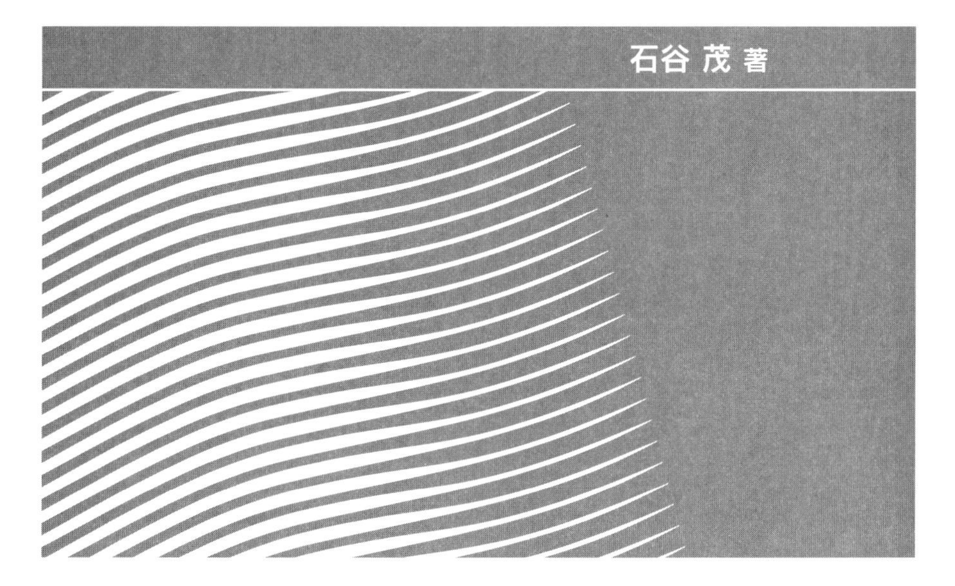

現代数学社

本書は2002年9月に小社から出版した

『新作数学問題100選』

をタイトル変更・リメイクし、再出版するものです。

まえがき

トマトはナスやキュウリ並みに，われわれに欠くことのできない生野菜であるが，昔はそうでなかった．日本に普及しはじめたのは大正末期であろう．「トマトはビタミン豊富で体によい」の宣伝が行きわたっていたから多くの日本人は，鼻をつまみ，吐きけを押えながら，食べる練習をしたらしい．信じがたい話であろう．

大学入試の新作問題は，普及はじめのトマトのようなものである．一度手がけた者には，いたってやさしく，5 分とかからないで答案の書けそうなのが多いが，見慣れない者にとっては難問，というよりは奇異に見えて手も足も出ないのである．指導に当たる教師にとっても，見なれない問題を予習抜きで指導するのは冒険だから，敬遠されがちである．

知っておれば凡々，知らなければ奇々怪々，この盲点に 100 ワットの照明を，そのための充電が本書の使命である．

つれづれなるままに，入試問題の変わりだねに目を通しているとき，フト頭に浮んだ創作問題から，約 100 題精選した．

創作とはいっても，中には既成のものもあろう．数学の問題は何万とあり，その完全なリストがあるわけではないから，ちまたの実用新案と同様，自称創作に過ぎないものがあったとしても，許して頂けるだろう．

数学の力をつける最善の道は，楽しみながら学ぶことで，「急がば回れ」の実践にあると思う．気楽な気持ちで本書を利用して頂きたい．

新奇な創作問題が凡々の問題に見えるようになったとき，本書の生命は読者に受けつがれ本書はその生を終わるのである．

本書の校正に関して，兵庫県立三田祥雲館高等学校の岡克也先生から貴重な意見などを頂きました．ここに感謝の意を表す次第です．

著者記

目　次

本書の読み方・使い方

百人おれば百の顔があるように，本の読み方・使い方も，百人百色でよい．とはいっても，旅行や登山に地図が不要なわけではない．本書の構成に一言ふれておこう．

■問題のリストについて

はじめの方に，問題のみを集録したのは，問題の所属が一目で分るようにすることと，自力で解くための便宜を考慮したためである．

これによって，読者の必要とする問題，興味のある問題が選択できよう．

解がそばにあるのに，見ないで解けというのは酷な話．一応自力で解いて見ようという読者は問題編を利用するのがよいだろう．

■考え方とヒントについて

解の前にある解説は，問題を解く糸口や，解く途中の要点などである．解く途中で行詰ったときに読んで頂いてもよい．

■いろいろの解き方について

とにかく解けさえすればよいといった学び方よりは，いろいろの解き方を研究するのが望ましい．1題で3通りの解き方を知れば．3題学んだ価値がある．解き方が変われば，その応用範囲も変わるからである．

◎注について（ここを読めば得するよ！）

知識倍増をねらったものが多いのだから，ぜひ読んで頂きたい．

問題一覧（まず自力で解いてみよう）

＊は数学Ⅲ
その他は数学Ⅰ.Ⅱ

§1. 数と演算

チェック欄

約数・倍数

1. a, b が整数であるとき，b が a で割りきれること，すなわち b が a の倍数であることを $a|b$ で表わす．

次のうち，正しいものには□の中に○をかき，正しくないものには□の中に×をかいて，反例を挙げよ．

(1) $a|a$ である． □

(2) $a|b$, $b|a$ ならば $a=b$ である． □

(3) $c|ab$ ならば $c|a$ または $c|b$ である． □

(4) $a|b$, $b|c$ ならば $a|c$ である． □

(5) すべての整数 a について $a|b$ ならば $b=0$ □

(6) すべての整数 a について $b|a$ ならば $b=1$ □

約数の指数

2. 自然数 b が自然数 a の n 乗（n は自然数）で割りきれるが，$n+1$ 乗では割りきれないとき

$$f(a, b)=n$$

で表わす．このとき，次の□にあてはまる数を入れよ．

(1) $f(2, 240)=$□ $f(3, 90909)=$□

(2) $f(2, a)=7$, $f(3, a)=4$ ならば $f(6, a)=$□

(3) $f(2, a)=15$ ならば $f(4, a)=$□

(4) $f(2, 50!)=$□, $f(3, 50!)=$□, $f(6, 50!)=$□

ガウス関数

3. 実数 x を越えない最大の整数を $[x]$ で表わす．

次のうち，正しいものには○をつけ，その理由を明らかにせよ．また正しくないものには×をつけ，反例を1つ挙げよ．

(1) $[x]+[y]=[x+y]$

(2) a が整数のとき $[x]+a=[x+a]$

(3) $x \leqq y$ ならば $[x] \leqq [y]$

(4) $x < y$ ならば $[x] < [y]$

新演算

4. 1より大きい実数全体の集合を S とし，S の中に新しい演算 $*$ を次のように定義する．

$$a*b=\frac{1+ab}{a+b}$$

(1) $a \in S$, $b \in S$ ならば $a*b \in S$ であるといってよいか．

(2)　演算 $*$ について，結合法則が成り立つか．

(3)　$a\in S$, $b\in S$ なるとき，$a*x=b$ をみたす x が S の中に1つだけ存在するための条件を求めよ．

新演算

5.　すべての実数の集合を S とする．$x\in S$, $y\in S$ のとき，演算 $\circ$ を次のように定義する．

$x\circ y=xy+ax+by+c$ （a, b, c は実数の定数）

この演算について，次の問に答えよ．

(1)　交換法則が成り立つための条件を求めよ．

(2)　結合法則が成り立つための条件を求めよ．

(3)　次のうちで正しいのはどれか．

イ．交換法則が成り立てば，結合法則も成り立つ．

ロ．結合法則が成り立てば，交換法則も成り立つ．

新演算

6.　実数の集合 S において，新しい演算 $\circ$ を次のように定める．

$x\circ y=x+y-xy$

これについて，次の問に答えよ．

(1)　この演算は結合法則をみたすことを証明せよ．

(2)　$z\neq 1$ のとき「$x\circ z=y\circ z$ ならば $x=y$ である」を証明せよ．

(3)　$S_1=\{x\,|\,0\leqq x\leqq 2\}$ のとき

$x\in S_1$, $y\in S_1$ ならば $x\circ y\in S_1$

であることを証明せよ．

集合の発見

(4)　S_2 は3つの数の集合で1を含み，S_2 の任意の2数を x, y とすると $x\circ y$ も S_2 に属するという．S_2 を求めよ．

無理数

7.　a, b, c, d は有理数で

$$a+b\cdot\sqrt[4]{2}+c\cdot\sqrt[4]{4}+d\cdot\sqrt[4]{8}=0$$

のとき，a, b, c, d はすべて0であることを証明せよ．

整式の除法

8.　すべての1次式 $ax+b$ に対して $(ax+b)(px+q)$ を x^2+x+1 で割ったときの余りが1になるような1次式 $px+q$ が存在するか．ただし a, b, p, q は実数とする．

整式の除法

9.　$(x+1)^{10}$ を x^3-1 で割ったときの余りを求めよ．また x^2+x+1 で割ったときの余りを求めよ．

整式の除法

10.　$(x+1)^{10}$ を $(x-1)^3$ で割ったときの余りを求めよ．

§2. 方程式と不等式

正根の数

11. a が正の数のとき，方程式

$$ax^n = x^{n-1} + x^{n-2} + \cdots\cdots + x^2 + x + 1$$

は正の解をいくつもつか．

根の絶対値

12. $a,\ b,\ c$ は複素数で，R が正の数のとき

$$|a|R^2 - |b|R - |c| > 0$$

ならば，$ax^2 + bx + c = 0$ の 2 解の絶対値は R より小さい．これを証明せよ．

対称式の値

13. $a+b+c=0$ のとき，次の式の値を求めよ．

$$\frac{a^5+b^5+c^5}{(a^3+b^3+c^3)(a^2+b^2+c^2)}$$

チェビシェフの不等式

14. 次の問に答えよ．

(1) $a \geqq b \geqq c,\ a' \geqq b' \geqq c'$ のとき，次の不等式を証明せよ．

$$\frac{aa'+bb'+cc'}{3} \geqq \frac{a+b+c}{3} \cdot \frac{a'+b'+c'}{3}$$

(2) 上の不等式の等号は，どんなときに成り立つか．

三角形の角

(3) $\triangle$ABC において BC$=a$，CA$=b$，AB$=c$ とし $\angle$A$=\alpha$，$\angle$B$=\beta$，$\angle$C$=\gamma$ とおくとき，

$$\frac{a\alpha+b\beta+c\gamma}{a+b+c}$$

の値の最小値を求めよ．

三角形

最大・最小

15. $\triangle$ABC において BC$=a$, CA$=b$, AB$=c$, $\triangle$ABC$=S$ とする．この三角形内の任意の点 P から辺 BC，CA，AB におろした垂線の長さをそれぞれ $x,\ y,\ z$ とするとき，次の問に答えよ．

(1) $ax+by+cz$ は一定であることを証明せよ．

(2) $x^2+y^2+z^2$ の最小値を求めよ．

グラフの凹凸と不等式

16. 次の問に答えよ．

(1) 関数 $y = x^{\frac{2}{3}}$ $(x \geqq 0)$ のグラフの概形をかけ．

(2) $a > b > 0$ のとき $\left(\dfrac{a+b}{2}\right)^{\frac{2}{3}}$ と $\dfrac{a^{\frac{2}{3}}+b^{\frac{2}{3}}}{2}$ の大小を判定せよ．

(3) $a > b > 0$ のとき $\sqrt{\dfrac{a^2+b^2}{2}}$ と $\sqrt[3]{\dfrac{a^3+b^3}{2}}$ の大小を判定せ

よ．

絶対値

max $\{a, b\}$

min $\{a, b\}$

17. 実数 a, b の小さくない方を $\max\{a, b\}$ で，a, b の大きくない方を $\min\{a, b\}$ で表わすとき，次のことを証明せよ．

(1) $|\max\{a, x\}-\max\{b, x\}|\leqq|a-b|$

(2) $|\min\{a, x\}-\min\{b, x\}|\leqq|a-b|$

(3) $|\max\{a, b\}-\max\{c, d\}|\leqq|a-c|+|b-d|$

§3. 関数の変化と合成

1次の分数関数

18. (1) a, b が正の定数であるとき，次の関数のグラフをかけ．

$$f(x)=\frac{x-a}{1+ax} \qquad g(x)=\frac{b-x}{1+bx}$$

(2) $f(x)+g(x)+h(x)=f(x)g(x)h(x)$ のとき，$h(x)$ は x に関係のない定数であることを証明せよ．

2変数の分数関数

19. a, $b\geqq3$ のとき，a, b についての関数

$$\frac{ab+1}{ab-a-b}$$

の最大値を求めよ．またそのときの a, b の値を求めよ．

1次関数の最大・最小

20. a, b, c は定数で $a>b>c$, $x\geqq y\geqq z$, $x+y+z=1$ のとき，次の関数の最小値を求めよ．

$$P=ax+by+cz$$

常に正の条件

21. a, b を実数とするとき，次の問に答えよ．

(1) すべての実数 x について

$$(1-a)x^2+2bx+(1+a)>0 \qquad ①$$

が成り立つための条件を求めよ．

(2) すべての実数 x について

$$(1+a)x^2+(1+b)>0 \qquad ②$$

が成り立つための条件を求めよ．

(3) すべての実数 x について①が成り立つならば，すべての実数 x について②は成り立つことを証明せよ．

1次の分数関数

22. a, b, c は0でない相異なる数で，関数 $f(x)=k-\dfrac{1}{x}$ は

$$f(a)=b,\ f(b)=c,\ f(c)=a$$

関数の合成

をみたすとき

(1) k の値を求めよ．

(2) abc の値を求めよ．

1次の分数関数 関数の合成

23. $f(x)=\dfrac{1+x}{1-x}$ のとき

$f_1(x)=f(x)$, $f_2(x)=f(f_1(x))$, $f_3(x)=f(f_2(x))$, ……

と約束するとき，$f_{18}(x)$ を求めよ．

§4. 軌跡と領域

軌跡 直線

24. 平面上に原点を通らない2つの定直線

$g_1: a_1x+b_1y+c_1=0$, $\quad g_2: a_2x+b_2y+c_2=0$

がある．原点を通る任意の直線 g が g_1, g_2 と交わる点を P_1, P_2 とし，g 上の点Qを

$$\frac{1}{OP_1}+\frac{1}{OP_2}=\frac{2}{OQ}$$

をみたすようにとるとき，Qの軌跡を求めよ．

ただし，OP_1, OP_2, OQ は直線 g 上の有向線分とする．

軌跡 放物線

25. 放物線 $y=x^2-a^2(a\neq0)$ が x 軸と交わる点をA，Bとする．この放物線上の任意の点をHとし，Hを垂心にもつ三角形ABCを作るとき，頂点Cの軌跡は，a に関係のない定直線であることを証明せよ．

軌跡 交点の極限

26. 直線 $x(1-t^2)+2yt=a(1+t^2)$ $(a\neq0)$ がある．

t の2つの値 $t_1, t_2(t_1\neq t_2)$ に対応する直線を g_1, g_2 とするとき，次の問に答えよ．

(1) g_1, g_2 の交点の座標 (x, y) を求めよ．

(2) $t_2\to t_1$ のときの (x, y) の極限値 (X, Y) を求めよ．

(3) t_1 がすべての実数値をとって変わるとき，点 (X, Y) の軌跡を求めよ．

領域

27. 座標平面上の直線 g が，2直線 $y=x$, $y=-x$ と交わる点をそれぞれ $A(a, a)$, $B(b, -b)$ とする．g が $a+b=k(k>0)$ なる条件をみたしながら動くとき，どの g の上にもない点の存在する範囲を求め，これを図示せよ．

領域

28*. 双曲線 $xy=1$ 上の点 $\mathrm{T}\left(t,\ \dfrac{1}{t}\right)$ を通り，互いに直交する2本の直線がふたたび双曲線と交わる点をそれぞれ A, B とし，A, B における接線の交点を P とする．このとき次の問に答えよ．

(1) A, B の x 座標をそれぞれ a, b とするとき，a, b, t の間に成り立つ等式を求めよ．

(2) 点 T を固定し，A, B を変化させたときの点 P の軌跡を求めよ．

(3) 点 T が双曲線上を動くとき，点 P の存在する範囲を求めよ．

領域
集合の包含

29. $A=\{(x,\ y)\,|\,x^2+y^2\leqq 1\}$, $B=\{(x,\ y)\,|\,y\geqq a|x|+b\}$ のとき，$A\subseteqq B$ となるための条件を求めよ．またそれを ab-平面上に図示せよ．

領域

30. 放物線 $2ay=x^2-a^2$ $(a>0)$ の上側（y 軸上の点を除く）の点 P から x 軸におろした垂線の足を Q, Q と A$(0,\ a)$ とを通る直線が，原点 O と P を通る直線と交わる点を R とする．点 R の存在範囲を求めよ．

直線の通過領域

31. t がすべての実数値をとって変わるとき，直線

$$(1-t^2)x+2ty=a(1+t^2) \qquad (a>0)$$

のけっして通過できない範囲を求めよ．

凸領域

32. 2つの不等式

$$y>a|x-1|,\ \ y>b|x|+1$$

を同時にみたす点 $(x,\ y)$ の存在する領域を D とする．D が凸領域であるように a, b を定め，点$(a,\ b)$ の存在する領域を ab-平面上に図示せよ．

ただし，領域 D が凸領域であるというのは，D 内の任意の2点を P, Q としたとき，線分 PQ 上のすべての点が D に属することである．

§5. 数列と漸化式

周期数列

33. 次の数列の一般項 $f(n)$ を，1 の立方根を用いて表わせ． □

0, 1, 2, 0, 1, 2, 0, 1, 2, ………

数列

34. 次の数列の第 n 項 $f(n)$ を，n の式で表わせ． □

(1) 1, 1, 3, 3, 5, 5, 7, 7, ………

(2) 1, 1, 1, 4, 4, 4, 7, 7, 7, ………

数列

35. 自然数 x, y の関係 $F(x, y)=x+\sum_{k=0}^{n-1}k$ $(n=x+y-1)$ において，次の問に答えよ． □

対応

(1) $n=1, 2, 3, 4, 5$ に対応する $F(x, y)$ の値をそれぞれ求めて，次の表に書き入れよ．

n	1	2	3	4	5
$F(x, y)$					

(2) 上の表を利用して，$F(x, y)=5$, 12のときの x, y の値を求めよ．また $F(x, y)=50$ のときの x, y の値を式から求めよ．

(3) $F(x, y)=F(x', y')$ ならば，x, y, x', y' の間にどんな関係があるか．

対称式
数学的帰納法

36. $S_n=x^n+y^n+z^n$，$x+y+z=u$，$yz+zx+xy=v$，$xyz=w$ とおくと，S_n は u, v, w の整式で表わされることを数学的帰納法によって証明せよ．ただし $n=0, 1, 2,$ ……とする． □

数学的帰納法

37. $\tan\theta=x$ とおくと $\tan n\theta$($n=1, 2, 3,$ ……)は x の有理式で表わされることを証明せよ． □

漸化式

38. $C_n=\cos n\theta$，$S_n=\sin n\theta$，$x=\cos\theta$ とおくとき，次のことを証明せよ．ただし n は自然数とする． □

(1) $C_{n+1}=2xC_n-C_{n-1}$

$S_{n+1}=2xS_n-S_{n-1}$

数学的帰納法

(2) C_n，$\dfrac{S_{n+1}}{\sin\theta}$ は，ともに x についての n 次式で表わされる。

対称式

39. $x^2-ax+b=0$ の 2 つの解を α，β とすると □

数学的帰納法

$$S_n=\alpha^n+\alpha^{n-1}\beta+\alpha^{n-2}\beta^2+\cdots\cdots\cdots+\alpha\beta^{n-1}+\beta^n$$

は，a，b の整式で表わされることを証明せよ．

分数の漸化式

40. 次の式によって与えられた数列 $\{x_n\}$ がある．

$$x_1=1,\quad x_n=\frac{1}{2}\left(x_{n-1}+\frac{3}{x_{n-1}}\right)\qquad (n=2,\ 3,\ \cdots\cdots\cdots)$$

これについて，次の問に答えよ．

(1) $x_n>\sqrt{3}$ $(n=2,\ 3,\ \cdots\cdots\cdots)$ を証明せよ．

(2) $\left|x_n-\sqrt{3}\right|<\dfrac{1}{2}\left|x_{n-1}-\sqrt{3}\right|$ を証明せよ．

極限値

(3) $\{x_n\}$ は収束するか，発散するか．収束するときは，極限値を求めよ．

2次の漸化式

41. $x_1=1,\quad x_{n+1}=\dfrac{3+6x_n-x_n^2}{4}$ $(n=1,\ 2,\ 3,\ \cdots\cdots)$

によって与えられる数列 $\{x_n\}$ において，次の問に答えよ．

(1) $y=x$ と $y=\dfrac{3+6x-x^2}{4}$ のグラフをかいて，数列 $\{x_n\}$ はどんな値に収束するかを予想せよ．

(2) その予想した値を α とするとき

収束

$$x_{n+1}-\alpha=k(x_n-\alpha)^2$$

をみたす，定数 k を求めよ．

(3) 一般項 x_n を n の式で表わせ．

(4) $\{x_n\}$ は α に収束することを証明せよ．

不等式

42. n が2以上の自然数であるとき，関数 $y=x^n\,(x>0)$ のグラフを g_1，関数 $y=\dfrac{1}{x^n}\,(x>0)$ のグラフを g_2 とする．

(1) g_1，g_2 の概形をかけ．

(2) 直線 $x=a\,(a>1)$ が，g_1，g_2 と交わる点をA，Bとし，B，Aから x 軸に平行にひいた直線が，g_1，g_2 と再び交わる点をそれぞれC，Dとすれば，四角形ABCDはどんな四角形か．

数学的帰納法

(3) $\overline{\mathrm{AB}}>n\overline{\mathrm{BC}}$ であることを証明せよ．

§6. 三角関数

式の値

43. 次の式の値を求めよ. □

$$P=\cos\frac{2\pi}{5}+\cos\frac{4\pi}{5}$$

トレミーの定理

44. (1) 円周 O 上に 4 点 A, B, C, D がこの順にあるとき，次の等式が成り立つことを証明せよ．ただし，$\overset{\frown}{AB}$, $\overset{\frown}{CD}$ などは $\angle AOB$，$\angle COD$ などの内部の弧とする． □

$$\overset{\frown}{AB}\cdot\overset{\frown}{CD}+\overset{\frown}{AD}\cdot\overset{\frown}{BC}=\overset{\frown}{AC}\cdot\overset{\frown}{BD}$$

(2) この式の中の弧を，弧に対する中心角（単位はラジアン）でおきかえた

$$\angle AOB\cdot\angle COD+\angle AOD\cdot\angle BOC=\angle AOC\cdot\angle BOD$$

が成り立つことを示せ.

(3) 両辺を 4 で割り，$\dfrac{\angle AOB}{2}$, $\dfrac{\angle COD}{2}$, ……をそれぞれ

$\sin\dfrac{\angle AOB}{2}$, $\sin\dfrac{\angle COD}{2}$, ……でおきかえても成り立つことを示せ.

(4) (3)で導いた式から，次のトレミーの定理を導け.

$$AB\cdot CD+AD\cdot BC=AC\cdot BD$$

式の値

45. $0<\alpha,\ \beta,\ \gamma<\dfrac{2}{\pi}$, $\alpha\neq\beta$ でかつ □

$$p=\frac{\cos\alpha}{\sin(\beta+\gamma)}=\frac{\cos\beta}{\sin(\gamma+\alpha)}$$

のとき，p の値は一定であることを証明せよ.

式の値

恒等式

46. θ の値に関係なく，次の式の値が一定になるように，a, b の値を定めることができるか，できるならば，その a, b の値を求めよ. □

$$\cos^2\theta+a\cos^2\left(\theta+\frac{\pi}{3}\right)+b\cos\theta\cos\left(\theta+\frac{\pi}{3}\right)$$

$\tan\theta$ の値

47. $\triangle ABC$ において $\angle C=90°$，$BC=a$，$AC=b$ である．斜辺 AB の中点を M，$\angle C$ の二等分線が AB と交わる点を D とし，$\angle MCD=\theta$ とおくとき，$\tan\theta$ の値を求めよ． □

不等式

48. △ABC について，次の問に答えよ． □

(1) 任意の △ABC において $\sin B+\sin C>\sin A$ が成り立つことを証明せよ．

(2) $A<90°$ のときは，$\sin\frac{B}{2}+\sin\frac{C}{2}>\sin\frac{A}{2}$ が成り立つことを証明せよ．

一定値の証明

49. 円 O に内接する正三角形 ABC がある．BC 上に任意の点 P をとり，AP の延長が円 O と交わる点を D とし，CD, AB の延長の交点を Q, BD, AC の延長の交点を R とする．このとき □

$$\frac{\mathrm{AP}}{\mathrm{CQ}}+\frac{\mathrm{AP}}{\mathrm{BR}}$$

は，P の位置に関係なく一定であることを証明せよ．

定理通過の証明

50. AB を直径とする円において，AB と交わる弦を PQ とし， □

$$\angle \mathrm{BAP}=\alpha,\quad \angle \mathrm{BAQ}=\beta$$

とおく．もし $\tan\alpha\ \tan\beta=k$（一定）ならば，弦 PQ は定点を通ることを証明せよ．

一定値の証明

51. a, b は定数で □

$$(a-b\cos 2\alpha)(a-b\cos 2\beta)=a^2-b^2$$

$$-\frac{\pi}{2}<\alpha,\ \beta<\frac{\pi}{2},\ a^2>b^2,\ b\fallingdotseq 0$$

なるとき，$\tan\alpha\cdot\tan\beta$ は一定であることを証明せよ．

最大

52. △ABC において，2AB＝AC＋BC のとき，$\angle C$ の最大値を求めよ． □

最小

53. 四面体 OABC において $\angle\mathrm{AOB}=\angle\mathrm{AOC}=\angle\mathrm{BOC}=\frac{\pi}{2}$, □

$\angle\mathrm{OCA}=\alpha$, $\angle\mathrm{OCB}=\beta$ で，しかも $\cos\alpha+\cos\beta=\sqrt{2}$ のとき，$\angle\mathrm{ACB}$ の最小値を求めよ．

4 面体

最大

54. 四面体 OABC において □

$$\mathrm{OA}=\mathrm{OB}=\mathrm{OC}=a,\ \angle\mathrm{AOB}=\angle\mathrm{AOC}=\angle\mathrm{BOC}=\frac{\pi}{2}$$

であるとき，次の問に答えよ．

(1) 辺 OA が面 ABC となす角を θ とするとき，$\tan\theta$ の値を求めよ．

(2) 辺 OA 上の動点 D から面 ABC におろした垂線の足を E とする．四面体 BCDE の体積が最大になるときの AD の長さ，および体積の最大値を求めよ．

最小

55. 4点 O(0, 0)，A(a, 0) B(0, b)，C(a, b) を頂点とする長方形がある．辺 AC，BC 上にそれぞれ点 P，Q をとって，$\angle$POQ$=45°$ となるようにする．P, Q の座標をそれぞれ (a, y)，(x, b) とおくとき，次の問に答えよ．ただし，a, b は正の数で $(\sqrt{2}-1)a<b<a$ とする． □

(1) y は x のどんな関数か．

(2) x はどんな範囲にあるか．

(3) $\triangle$OPQ の面積を S とするとき，S の最小値を求めよ．

最大

56. 中心 O の円の直径を AB とし，半径 OB 上の定点を C とする．C を通る任意の弦を PQ とするとき，四角形 APBQ の面積の最大値を求めよ．ただし AB$=2r$，OC$=a$ とする． □

最大

57. AB を直径とする半円上に 2 点 P, Q をとって，四角形 ABPQ の面積が最大になるようにしたい．P, Q をどこにとればよいか．また面積の最大値を求めよ．ただし AB$=2a$ とする． □

値の範囲

58. 関数 $f(\theta)=\dfrac{a\sin\theta+b}{a\sin\theta-b}$ の値の範囲を求めよ．ただし $a\neq b$，a, $b>0$ とする． □

§7. 複素数と複素数平面

新演算

集合の発見

59. 絶対値が 1 の n 個の要素よりなる集合 S がある．S の任意の元を α, β とするとき，演算 $\circ$ を □

$$\alpha\circ\beta=-\frac{\bar{\alpha}\beta}{\bar{\beta}}$$

と定める．S が次の条件をみたしているとき，$n\leqq 4$ であるような S をすべて求めよ．

(i) $1\in S$

(ii) α，$\beta\in S$ ならば $\alpha\circ\beta\in S$

共役複素数

60. a, b が任意の実数で，$\omega=\dfrac{-1+\sqrt{3}\,i}{2}$ のとき，$a+b\omega$ の形の □

数の集合を S とする．また $\alpha\in S$ のとき，α の共役複素数を $\overline{\alpha}$ で表わす．このとき，次の問に答えよ．

(1) $\alpha=a+b\omega\in S$ なるとき $\overline{\alpha}=a+b\omega^2$ であることを示せ．

(2) $\alpha,\ \beta\in S$ ならば $\alpha+\beta\in S$，$\alpha\beta\in S$ であることを証明せよ．

(3) $\alpha=a+b\omega\in S$ なるとき $\alpha\overline{\alpha}=a^2-ab+b^2$ となることを証明せよ．

(4) $\alpha=a+b\omega$，$\beta=c+d\omega$ の共役複素数を用いて

$$(a^2-ab+b^2)(c^2-cd+d^2)$$

を，P^2-PQ+R^2 の形の式にかきかえよ．ただし $P,\ Q,\ R$ は $a,\ b,\ c,\ d$ についての整式とする．

複素数

61. $\alpha,\ \beta$ は複素数であって，$\alpha+\beta=1$，$\alpha\beta=1$ であるとする． □

2つの自然数 $m,\ n$ が

$$\alpha^m+\beta^m=\alpha^n+\beta^n$$

をみたせば，m^2-n^2 は6の倍数であることを証明せよ．

複素数平面

円周の5等分

62. 複素数平面上の原点Oを中心とする円周を5等分する点を順に $z_1,\ z_2,\ \cdots\cdots,\ z_5$ とするとき，次の式の値は一定であることを証明せよ． □

$$\frac{z_2}{z_1+z_3}+\frac{z_3}{z_1+z_5}$$

円周の7等分

63. $\left(\cos\frac{2\pi}{7}k,\ \sin\frac{2\pi}{7}k\right)$ を座標とする点を Q_k であらわす．このとき，7個の点 Q_0，Q_1，$\cdots\cdots\cdots$，Q_6 によって円周 $x^2+y^2=1$ は7等分される． □

平面上の点Pの座標を $(a,\ b)$ とするとき

(1) $S=\frac{1}{7}(\overline{PQ_0}^2+\overline{PQ_1}^2+\cdots\cdots\cdots+\overline{PQ_6}^2)$ を求めよ．

最小

(2) Pがどこにあれば，S は最小になるか．

三角関数の数列

64. (1) a は実数で，z は複素数のとき，次の数列の和を求めよ． □

$$1+az+a^2z^2+\cdots\cdots\cdots+a^nz^n \qquad (az\neq1)$$

(2) (1)で導いた公式に $z=\cos\theta+i\sin\theta$ を代入し，実部を比較することによって，次の数列の和を求めよ．

$$C_n=1+a\cos\theta+a^2\cos 2\theta+\cdots\cdots\cdots+a^n\cos n\theta$$

(3) $|a|<1$ のとき $\lim_{n\to\infty} C_n$ を求めよ.

(4) (2)で $a=1$ とおいて，次の等式を導け.

$$1+\cos\theta+\cos 2\theta+\cdots\cdots+\cos n\theta=\frac{\cos\frac{n\theta}{2}\sin\frac{(n+1)\theta}{2}}{\sin\frac{\theta}{2}}$$

複素係数の方程式

65. $\alpha,\ \beta,\ \gamma$ は複素数のとき，方程式

$$\alpha z+\beta\bar{z}+\gamma=0$$

をみたす複素数 z が存在するための条件を求めよ.

複素数平面

66. 複素数平面上に 3 点 A(α), B(β), C(γ) を頂点とする三角形があって，周上を

$$\mathrm{A}\to\mathrm{B}\to\mathrm{C}$$

の順に回れば，時計の針の回転と反対になる.

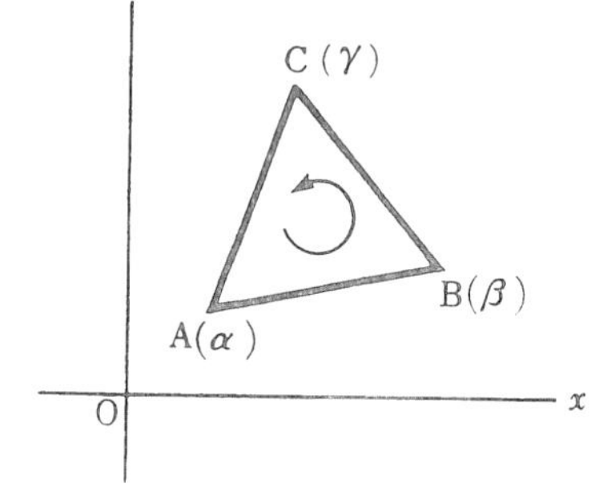

正三角形の条件

(1) △ABC が正三角形であるための必要十分条件は
$\omega\alpha+\omega^2\beta+\gamma=0$ であることを証明せよ.
ただし $\omega=\cos\frac{2\pi}{3}+i\sin\frac{2\pi}{3}$ とする.

(2) 辺 BC, CA, AB を $m:n$ に分ける点をそれぞれ D, E, F とする．このとき，
「△ABC が正三角形ならば △DEF は正三角形である」
を証明せよ.

(3) (2)の命題の逆は正しいか.

複素数平面

67. 変数 t がすべて実数値をとってかわるとき

$$z=\frac{t+i}{t-i}\qquad (i=\sqrt{-1})$$

によって表わされる点 z は，複素数平面上でどんな曲線をえがくか.

複素数の変形

68. $a(a-2)+b^2=0$ $(a \neq 0)$ をみたすどんな複素数 $a+bi$ も □

$$a+bi=\frac{2}{1-ci} \qquad (c \text{ は実数})$$

と表わされることを証明せよ.

複素数平面
1次の分数関数

69. α, β は異なる複素数で, t はすべての実数値をとって変わるとき □

$$z=\frac{\alpha-\beta ti}{1-ti} \qquad (i=\sqrt{-1})$$

によって表わされる点 z は, ガウス平面上で, どんな曲線をえがくか.

複素数平面
反転

70. 複素数平面上に, 中心が $A(\alpha)$ で, 半径が r の円がある. A と異なる任意の点 $P(z)$ と, 半直線 AP 上に点 $Q(w)$ をとって □

$$AP \cdot AQ=r^2$$

となるようにする. このとき, z に w を対応させる写像を表わす式を求めよ.

複素数平面
反転

71. 複素数平面上で, 実軸上の点 A(2) を通り, 虚軸に平行な直線 g 上の任意の点を $P(z)$ とする. 原点 O からひいた半直線 OP 上に点 $Q(w)$ をとって, $OP \cdot OQ=2$ となるようにするとき, 点 Q の軌跡の方程式を, 次の 2 通りに表わせ. □

(1) 複素数で表わす.

(2) $w=x+yi$ とおいて, x, y で表わす.

複素数平面
無理関数

72. 変数 t がすべての実数値をとるとき, 次の式で表わされる複素数 z の表わす点は, 複素数平面上で, どんな図形をえがくか. □

$$z=t+\sqrt{1-t^2}$$

§8. 微 分 法

実根の数

73. 関数 $f(x)=32x^6-48x^4+18x^2-1$ について, 次の問に答えよ. □

(1) $|x| \leqq 1$ ならば $|f(x)| \leqq 1$

(2) $f(x)=0$ の根はすべて実数で, それらの絶対値は 1 より小さい.

導関数の値

74.* $f(x)=\dfrac{ax+b}{cx+d}$ $(a,\ b,\ c,\ d$ は実数で $ad-bc\neq 0)$ とする．

t についての方程式 $t=f(t)$ が異なる2根をもつとき，それらを $\alpha,\ \beta$ とする．このとき，次のことを証明せよ．

(1) $f'(\alpha)\cdot f'(\beta)$ は一定である．

(2) $|f'(\alpha)|<1$ ならば $|f'(\beta)|>1$ である．

不等式

75.* n が正の整数のとき．$0<x<1$ をみたすすべての x に対して

不等式

$$0<\sqrt[n+1]{x}-\sqrt[n]{x}\leqq\frac{n^n}{(n+1)^{n+1}}$$

が成り立つことを証明せよ．

最大・最小

76.* n は2以上の自然数で，$x,\ y$ を実数とするとき

$$k(|x|^n+|y|^n)^{\frac{1}{n}}\leqq|x|+|y|\leqq l(|x|^n+|y|^n)^{\frac{1}{n}}$$

漸化式

がつねに成り立つような k の最大値，l の最小値を求めよ．

77. $f_n(x)$ は x の n 次の整関数で，$f_{n-1}(x)$ は $f_n(x)$ の最高次の項を除いた関数を表わす．これらの関数が

$$f_n'(x)=f_{n-1}(x),\qquad f_n(0)=1$$

をみたすとき，次の問に答えよ．

(1) $f_n(x)$ を求めよ．

実数解の数

(2) $f_3(x)=0$ は実数解をもつか．もつときは，その符号と個数を明らかにせよ．

(3) $f_4(x)=0$ についても，同様のことを調べよ．

接線

最小

78.* 曲線 $\sqrt{x}+\sqrt{y}=1$ の接線が x 軸，y 軸と交わる点をA，Bとするとき，線分ABの最小値を求めよ．また，ABが最小になるときの $x,\ y$ の値を求めよ．

最大・最小

79.* $0<n<1$ のとき，次の関数の最大値または最小値を求めよ．

$$f(x)=x^{2-2n}+(2-x^n)^{\frac{2-2n}{n}}\qquad(0\leqq x\leqq 2)$$

また，グラフの概形をかけ．

§9. 積 分 法

積分と恒等式

80. どんな2次関数 $F(x)$ に対しても

$$\int_{-1}^{1} F(x)\,G(x)dx=0$$

となる3次関数 $G(x)$ を求めよ．

偶関数 奇関数

81.* (1) $a>0$ のとき，関数 a^x は，次のように書きかえられる．

$$a^x=\frac{a^x+a^{-x}}{2}+\frac{a^x-a^{-x}}{2}$$

$f(x)=\dfrac{a^x+a^{-x}}{2}$，$g(x)=\dfrac{a^x-a^{-x}}{2}$ は偶関数か，奇関数か．

(2) 任意の関数 $F(x)$ は，偶関数と奇関数との和として表わされることを明らかにせよ．

(3) $F(x)$ が区間 $[-a,\ a]$ で連続のとき，次の等式を証明せよ．

$$\int_{-a}^{a} F(x)dx=\int_{0}^{a}\{F(x)+F(-x)\}dx$$

偶関数と奇関数の性質

82. 次の［　］の中に偶関数ならば○，奇関数ならば×，その他の場合は△を入れよ．

(1) $f(x)$，$g(x)$ がともに奇関数ならば $f(x)g(x)$ は［　］である．

(2) $f(x)$ が奇関数で，$g(x)$ が偶関数ならば，$f(x)\ g(x)$ は［　］である．

(3) $f(x)$ が偶関数で微分可能ならば，$f'(x)$ は［　］である．

(4) $f(x)$ が奇関数で微分可能ならば，$f'(x)$ は［　］である．

3次関数の定積分

83. $f(x)$ は x についての3次関数で，$f(-3h)=p$，$f(-h)=q$，$f(h)=r$，$f(3h)=s$ のとき，定積分

$$S=\int_{-3h}^{3h} f(x)dx$$

を求めよ．

定積分の最大・最小

84. $f(x)$，$g(x)$ は x の2次関数で

$$f(1)=g(1),\ f(2)=g(2),\ f(3)=4,\ g(3)=-2$$

のとき

$$F(p,\ q)=p\int_1^2 f(x)dx+q\int_1^2 g(x)dx$$

の最大値と最小値の差を求めよ．ただし $p\geqq 0$, $q\geqq 0$, $p+q=1$ とする．

回転体の体積

85. 放物線 $y=ax^2+bx+1$ の $x=-1$ から $x=1$ までの部分を x 軸のまわりに回転させたときにできた回転体の体積を最小にしたい．a, b の値をいくらにとればよいか．また体積の最小値はいくらか． □

逆関数と定積分

86.* $f(x)=\dfrac{x}{x+1}$ の逆関数を $f^{-1}(x)$ とするとき，次の問に答えよ． □

(1) $f^{-1}(x)$ を求めよ．

(2) $F(a)=\displaystyle\int_0^a f(x)dx+\int_0^a f^{-1}(x)dx$ を求めよ．

ただし $0\leqq a<1$

Youngの不等式

(3) $F(a)\geqq a^2$ であることを証明せよ．

逆関数と定積分

87.* 関数 $f(x)=\dfrac{e^x-e^{-x}}{2}$ について，次の問に答えよ． □

ただし $a>0$ とする．

(1) $y=f(x)$ のグラフの概形をかけ．

(2) $f(x)$ の逆関数 $f^{-1}(x)$ を求めよ．

(3) $\displaystyle\int_0^a f(x)dx$ を a で表わせ．

(4) $f(a)=b$ とするとき $\displaystyle\int_0^a f(x)dx+\int_0^b f^{-1}(x)dx$ の値をグラフによって求め，a, b で表わせ．

(5) (3)と(4)の結果から $\displaystyle\int_0^b f^{-1}(x)dx$ を求め，それを b のみの式で表わせ．

Cauchyの不等式

88.* $f(x)$, $g(x)$ は区間 $[0,\ 1]$ で連続な関数で，恒等的に0ではないとする．このとき，次の問に答えよ． □

(1) 任意の実数 t に対して，次の不等式を証明せよ．

$$t^2\int_0^1\{f(x)\}^2dx+1\geqq 2t\int_0^1 f(x)dx$$

(2) 次の不等式をみたす定数 k の最小値を求めよ．

$$\left(\int_0^1 f(x)dx\right)^2+\left(\int_0^1 g(x)dx\right)^2 \leqq k\int_0^1(\{f(x)\}^2+\{g(x)\}^2)dx$$

Cauchy の不等式の応用

89.* 次の不等式を証明せよ. □

(1) $\displaystyle\int_0^1 \sqrt{1+x^4}\,dx \leqq \frac{\sqrt{30}}{5}$

(2) $\displaystyle\int_0^{\frac{\pi}{2}} \sqrt{\sin x}\,dx \leqq 1$

Cauchy の不等式の応用

90. (1) $f(x)=ax+b\quad(a \neq 0)$ のとき，任意の実数 a, b に対して □

$$\int_0^1 f(x)f'(x)dx \leqq k\left(\int_0^1 f(x)dx\right)^2$$

を成り立たせる定数 k が存在するか.

(2) a, b がともに正のときはどうか.

定積分による対数の定義

91*. $y=\displaystyle\int_1^x \frac{1}{t}dt$ とおくと，正の数 x に対して y の値が 1 つ定まるから，y は x の 1 価関数である．これを $y=f(x)$ とおくとき，次の問に答えよ. □

(1) a, $b>0$ のとき $f(ab)=f(a)+f(b)$ を示せ.

(2) $a>0$ のとき $f\left(\dfrac{1}{a}\right)=-f(a)$ を示せ.

級数の発散

(3) 級数 $1+\dfrac{1}{2}+\dfrac{1}{3}+\cdots\cdots$ は ∞ に発散することが知られている．これを用いて $\displaystyle\lim_{x\to\infty} f(x)=\infty$ を示せ.

また $\displaystyle\lim_{x\to 0} f(x)=-\infty$ を示せ.

(4) 任意の実数 y に対して x の正の値が 1 つ定まることを証明せよ.

(5) x は y の 1 価関数であるから，それを $x=g(y)$ とおけば，

$$g(A+B)=g(A)\,g(B)$$

である．これを証明せよ.

定積分による正接の逆関数の定義

92.* $f(x)=\displaystyle\int_0^x \frac{dt}{1+t^2}$ とおくとき，次の問に答えよ. □

(1) $\gamma=\dfrac{\alpha+\beta}{1-\alpha\beta}$ のとき，$\displaystyle\int_\alpha^\gamma \frac{dt}{1+t^2}=\int_0^\beta \frac{dt}{1+t^2}$ となることを

$u=\dfrac{t-\alpha}{\alpha t+1}$ とおいた置換積分によって証明せよ.

(2) (1)を用いて $f(\alpha)+f(\beta)=f\left(\dfrac{\alpha+\beta}{1-\alpha\beta}\right)$ を証明せよ.

解説・解答編

§1. 数と演算

問題 1

a, b が整数であるとき，b が a で割りきれること，すなわち b が a の倍数であることを $a|b$ で表す．

次のうち，正しいものには □ の中に○を書き，正しくないものには □ の中に×を書いて，反例を挙げよ．

(1) $a|a$ である． □

(2) $a|b$, $b|a$ ならば $a=b$ である． □

(3) $c|ab$ ならば $c|a$ または $c|b$ である． □

(4) $a|b$, $b|c$ ならば $a|c$ である． □

(5) すべての整数 a について $a|b$ ならば $b=0$ である． □

(6) すべての整数 a について $b|a$ ならば $b=1$ である． □

見なれない記号では，記号の意味を正しく理解し，間違った使い方をしないこと．$a|b$ では，a と b の順序がたいせつ．「b が a で割りきれる」ことを「a が b で割りきれること」と混同しないように．約数というと正の約数のみを考えがち．自然数ではそれでよいが，整数では負の約数もとり扱う．たとえば，6 の約数は ±1, ±2, ±3, ±6 とみるのが正しい．頭でなく，式で考えよう．

$a|b \Longleftrightarrow (b=an$ なる整数 n が存在する．)

解

(1) ○　$a=a\cdot1$ だから

(2) ×　$b=am$, $a=bn$ から

$ab=abmn \quad \therefore\ mn=1$

この欄を読めば得するよ！

新しい記号を受け入れる頭を作ろう．

☞ **注1** (3)は c が素数ならば成り立つ．すなわち p を素数とすると $p|ab$ ならば $p|a$ または $p|b$ これはよく用いられる重要な定理である．

m，n は整数だから $m=n=1$

または $m=n=-1$

$\therefore b=a$ または $b=-a$

$b=-a$ のこともある。

実例 $a=3$，$b=-3$

(3) × 実例 $6|4\times3$ であるが $6|4$ と $6|3$ はともに不成立。

(4) ○ $b=am$，$c=bn$ から $c=amn$ となる。

(5) ○ $b=an$ がすべての整数 a について成り立てば，$na-b=0$ は a についての恒等式になるから $n=0$，$b=0$

(6) × $b=-1$ でもよい。

☞ **注2** 約数では，次の定理も重要である．
$c|a$，$c|b$ ならば
$c|ma+nb$
（m，n は整数）

問題2

自然数 b が自然数 a の n 乗（n は自然数）で割りきれるが，$n+1$ 乗では割りきれないとき

$$f(a,\ b)=n$$

で表す．このとき，次の □ にあてはまる数を入れよ。

(1) $f(2,\ 240)=$ □　　$f(3,\ 90909)=$ □

(2) $f(2,\ a)=7$，$f(3,\ a)=4$ ならば $f(6,\ a)=$ □

(3) $f(2,\ a)=15$ ならば $f(4,\ a)=$ □

(4) $f(2,\ 50!)=$ □，$f(3,\ 50!)=$ □，$f(6,\ 50)=$ □

a，b に対応して n が1つ定まるから，$f(a,\ b)$ は2変数の関数である。

(1)は記号$f(a,\ b)$の意味がわかっておれば問題ない。(2)と(3)も記号の意味をテストするようなもの。(4)は記号の意味のみでは解決つかない。ちょっとしたくふうが必要。一般の原理を知るために，簡単な実例にあたってみるのが賢明。たとえば$f(2,\ 15!)$の求め方を分析してみる。記号5!は$1\times2\times3\times4\times5$の略記号法である。

1から15までの自然数のうちで，2で割りきれるものの個数は

$$2\overline{)15}\ =7\ (14,\ \text{余り}\ 1)\ \longrightarrow 7$$

$4=(2^2)$で割りきれるものの個数は

$$4\overline{)15}\ =3\ (12,\ \text{余り}\ 3)\ \longrightarrow 3$$

$8(=2^3)$で割り切れるものの個数は

$$8\overline{)15}\ =1\ (8,\ \text{余り}\ 7)\ \longrightarrow 1$$

2^4, 2^5,……で割りきれるものはない。

以上で求めた個数の和$7+3+1=11$が，ちょうど$f(2,\ 15!)$の値になることは，表から明白であろう。

そこで一般に$f(a,\ b!)$を求めるには，bをa, a^2, a^3,……で割って商を求め，それら

因数2

1
2—[2]
3
4—[2]×②
5
6—[2]
7
8—[2]×②×[2]
9
10—[2]
11
12—[2]×②
13
14—[2]
15　↑　↑　↑
　　7　3　1

☞ 注1 50を2，2^2，2^3，…で割ったときの商を求めるには，次の順によればよい。
50を2で割って商25を求める。

を加えればよいことが分かる。(注1を参照)

解

(1)　$240=2^4\times3\times5$　$\therefore f(2,\ 240)=\boxed{4}$

$90909=3^3\times3367$

$\therefore f(3,\ 90909)=\boxed{3}$

(2)　$a=2^7\times p$，$a=3^4\times q$ から

$a=2^7\times3^4\times r=6^4\times2^3r$

$\therefore f(6,\ a)=\boxed{4}$

(3)　$a=2^{15}\times p$　$\therefore a=4^7\times2p$

$\therefore f(4,\ a)=\boxed{7}$

(4)　50を2，2^2，2^3，2^4，2^5 で割ったときの商はそれぞれ25，12，6，3，1であるから

$f(2,\ 50!)=25+12+6+3+1=47$

同様にして

$f(3,\ 50!)=16+5+1=22$

47と22のうち小さい方をとって

$f(6,\ 50!)=22$

25を2で割って商12を求める．
12を2で割って商6を求める．
……………………………………

```
2) 50
2) 25
2) 12
2)  6
2)  3
    1
```

☞ **注2** (2)は一般化すると，次のようになる．
p，q が互いに素のとき
$f(pq,\ a)=\min\{f(p,\ a),\ f(q,\ a)\}$

☞ **注3** a，b を正の整数とするとき，b を a で割った商は，ガウス記号で $\left[\dfrac{b}{a}\right]$ で表される．したがって，$f(a,\ b!)$ については，次の公式が成り立つ．

$$f(a,\ b!)=\left[\frac{b}{a}\right]+\left[\frac{b}{a^2}\right]+\left[\frac{b}{a^3}\right]+\cdots\cdots$$

問題3

実数 x を越えない最大の整数を $[x]$ で表す。

次のうち，正しいものには○をつけ，その理由を明らかにせよ。また正しくないものには×をつけ，反例を1つあげよ。

(1)　$[x]+[y]=[x+y]$

(2)　a が整数のとき $[x]+a=[x+a]$

(3)　$x\leqq y$ ならば $[x]\leqq[y]$

(4)　$x<y$ ならば $[x]<[y]$

$[x]=n$ とおくと，n は整数で $n\leqq x<n+1$．この逆も正しい．第2式は $[x]\leqq x<[x]+1$ と表すこともできる．

解

(1)　×　$x=3.6$，$y=2.8$ とおくと

$[x]+[y]=5$

$[x+y]=[6.4]=6$

$[x]+[y]<[x+y]$

(2)　○　$[x]=n$ とおくと

$n\leqq x<n+1$ かつ n は整数．

$\therefore\ \ n+a\leqq x+a<n+a+1$

$n+a$ は整数だから

$[x+a]=n+a=[x]+a$

(3)　○　$[x]\leqq x<[x]+1$，$[y]\leqq y<[y]+1$

よって $x\leqq y$ のとき，

$[x]\leqq x\leqq y<[y]+1$，$[x]<[y]+1$

$\therefore\ [x]-[y]<1$

$\therefore\ [x]-[y]\leqq 0$

$\therefore\ [x]\leqq[y]$

(4)　×　$x=3.2$，$y=3.6$ のとき $x<y$ であるが $[x]=[y]=3$ となる．

この欄を読めば得するよ！

☞ **注** (1)は $[x]+[y]\leqq[x+y]$ とあらためれば正しい．

さらに次の不等式の成り立つことも証明できる．

$[x]+[y]\leqq[x+y]$

$\leqq[x]+[y]+1$

なぜかというに $[x]\leqq x<[x]+1$，$[y]\leqq y<[y]+1$ から

$[x]+[y]\leqq x+y$

$<[x]+[y]=2$ ①

$[x+y]$ は $x+y$ を越えない整数の最大値だから，$[x]+[y]$ は $[x+y]$ を越えない．

$\therefore\ [x]+[y]\leqq[x+y]$

一方 $[x+y]\leqq x+y$ と①とから

$[x+y]<[x]+[y]+2$

両辺は整数だから

$[x+y]\leqq[x]+[y]+1$

収入を越えない最大の支出ですの．

問題４

１より大きい実数全体の集合をSとし，Sの中に新しい演算$*$を次のように定義する。

$$a*b=\frac{1+ab}{a+b}$$

(1)　$a\in S$，$b\in S$ならば$a*b\in S$であるといってよいか。

(2)　演算$*$について，結合法則が成り立つか。

(3)　$a\in S$，$b\in S$なるとき$a*x=b$をみたすxがSの中に１つだけ存在するための条件を求めよ。

(1)　$a*b$が存在することと$a*b>1$とを示せばよい。(2)は

$$(a*b)*c=a*(b*c)$$

が成り立つかどうかを吟味すればよい。(3)はxが存在すること，それは１つに限ること，さらに$x>1$を示さねばならない。

この欄を読めば得するよ！

解

(1)　$a\in S$，$b\in S$ならば$a>1$，$b>1$

$\therefore\quad a+b\neq 0$

したがって実数$a*b$が１つ定まる。

$$a*b-1=\frac{1+ab}{a+b}-1$$

$$=\frac{(a-1)(b-1)}{a+b}>0$$

$\therefore\quad a*b>1$

よって$a\in S$，$b\in S$ならば$a*b\in S$

整数は乗法について閉じているが，除法については閉じていない。

(2) $(a*b)*c=\dfrac{1+(a*b)c}{(a*b)+c}$

$$=\frac{1+\dfrac{1+ab}{a+b}c}{\dfrac{1+ab}{a+b}+c}$$

$$=\frac{a+b+c+abc}{1+ab+ac+bc}$$

$$a*(b*c)=\frac{1+a(b*c)}{a+(b*c)}$$

$$=\frac{1+a\dfrac{1+bc}{b+c}}{a+\dfrac{a+bc}{b+c}}$$

$$=\frac{a+b+c+abc}{1+ab+ac+bc}$$

よって結合法則 $(a*b)*c=a*(b*c)$ が成り立つ。

(3) $a*x=b$ をみたす x があったと仮定すると

$$\frac{1+ax}{a+x}=b \quad (a-b)x=ab-1$$

これをみたす x がただ1つ定まるためには $a \fallingdotseq b$，この条件のもとで

$x=\dfrac{ab-1}{a-b}$ で，上の計算を逆にたどることによって，この値は $a*x=b$ をみたす．次に

$$x-1=\frac{ab-1}{a-b}-1=\frac{(a+1)(b-1)}{a-b}$$

よって $x\in S$，すなわち $x>1$ なるた

☞ **注1** $a\in S$，$b\in S\Rightarrow a*b\in S$ なるとき，S は演算 $*$ について閉じているという．次に $a*x=b$ をみたす x を求めることを，演算 $*$ の逆演算という．$a\in S$，$b\in S$，$a*x=b$ のとき $x\in S$ でしかも，x が任意の a，b に対応して1つだけ存在するとき，S は逆演算について閉じているという．(3)によると本問の S は $*$ の逆演算については閉じていない．

めには $a>b$ なることが必要十分である．

答　$a>b$

問題5

すべての実数の集合を S とする．$x\in S$，$y\in S$ のとき，演算 $\circ$ を次のように定義する．

$$x\circ y=xy+ax+by+c \quad (a,\ b,\ c \text{ は実数の定数})$$

この演算について，次の問に答えよ．

(1)　交換法則が成り立つための条件を求めよ．

(2)　結合法則が成り立つための条件を求めよ．

(3)　次のうち正しいのはどれか．

イ．交換法則が成り立てば，結合法則も成り立つ．

ロ．結合法則が成り立てば，交換法則も成り立つ．

この欄を読めば得するよ！

交換法則が成り立つというのは，すべての x，y について $x\circ y=y\circ x$ となることである．結合法則の場合も，すべての x，y，z について

$$(x\circ y)\circ z=x\circ(y\circ z)$$

となることである．したがって，本問の解決では，恒等式の性質が重要な役目を果たす．

解

(1)　$x\circ y=y\circ x$ ならば

$$xy+ax+by+c=yx+ay+by+c$$

$$(a-b)(x-y)=0$$

x，y は任意の実数であるから

$a-b=0 \quad \therefore a=b$

(2) $(x\circ y)\circ z=(x\circ y)z+a(x\circ y)+bz+c$

$$=(x\circ y)(z+a)+bz+c$$

$$=(xy+ax+by+c)(z+a)+bz+c$$

$$=xyz+axy+axz+byz+a^2x+aby+(b+c)z+(ac+c) \quad ①$$

同様にして

$$x\circ(y\circ z)=xyz+axy+bxz+byz+(a+c)x+aby+b^2z+(bc+c) \quad ②$$

①と②が，すべての x，y，z について等しくなるためには

$a=b$，$a^2=a+c$，$b^2=b+c$，$ac=bc$

まとめると $a=b$，$c=a^2-a$

(3) $a=b$，$c=a^2-a \Rightarrow a=b$ は正しいが，この逆は正しくない。したがってロが正しく，イは正しくない。

問題 6

実数の集合 S において，新しい演算∘を次のように定める。

$$x\circ y=x+y-xy$$

これについて，次の問に答えよ。

(1) この演算は結合法則をみたすことを証明せよ。

(2) $z \fallingdotseq 1$ のとき「$x\circ z=y\circ z$ ならば $x=y$ である」ことを証明せよ。

(3) $S_1=\{x \mid 0\leqq x\leqq 2\}$ のとき

$$x \in S_1,\ y \in S_1 \text{ ならば } x \circ y \in S_1$$

であることを証明せよ。

(4) S_2 は3つの実数の集合で1を含み，S_2 の任意の2数を x，y とすると $x \circ y$ は S_2 に属するという。S_2 を求めよ。

(3)において $0 \leqq x \leqq 2$ は $|x-1| \leqq 1$ と変形して使うと簡単である。(4)は $S_2=\{1,\ x,\ y\}$ とおいて $x \circ y$ は 1，x，y のいずれかに等しいことを使う。

解

(1) $(x \circ y) \circ z = (x \circ y) + z - (x \circ y)z$

$= (x+y-xy) + z - (x+y-xy)z$

$= x+y+z-xy-xz-yz+xyz$

$x \circ (y \circ z) = x + (y \circ z) - x(y \circ z)$

$= x + (y+z-yz) - x(y+z-yz)$

$= x+y+z-xy-xz-yz+xyz$

$\therefore\ (x \circ y) \circ z = x \circ (y \circ z)$

(2) $x \circ z = y \circ z$ ならば

$x+z-xz = y+z-yz$

$(x-y)(z-1)=0$,

$z \neq 1$ だから $x=y$

(3) $1 - x \circ y = 1-(x+y-xy)$

$=(1-x)(1-y)$

$\therefore\ |1-x \circ y| = |1-x||1-y|$

ところが $x \in S_1$ から

$0 \leqq x < 2$, $-1 \leqq 1-x \leqq 1$

$\therefore\ |x-1| \leqq 1$

おや，こんな元もあるぞ.

$y \in S_1$ から同様にして $|y-1| \leqq 1$

$\therefore\ |1-x \circ y| \leqq 1 \qquad \therefore\ 0 \leqq x \circ y \leqq 2$

$$x \circ y \in S_1$$

(4) $S_2=\{1,\ x,\ y\}$ とおく。ただし $x \fallingdotseq 1$, $y \fallingdotseq 1$, $x \fallingdotseq y$

$x \in S_2$, $y \in S_2$ だから $x \circ y \in S_2$

$x \circ y = 1$ とすると $x+y-xy=1$

$(x-1)(y-1)=0$

これは $x \fallingdotseq 1$, $y \fallingdotseq 1$ に矛盾する。

$x \circ y = x$ のとき $x+y-xy=x$

$y(1-x)=0$

$x \fallingdotseq 1$ だから $y=0$

$x \circ y = y$ のとき　同様にして $x=0$

よって，$S_2=\{0,\ 1,\ z\}$, $z \fallingdotseq 0$, $z \fallingdotseq 1$ とおいて，z を決定すればよい。

$z \circ z = 2z-z^2 \in S_2$ から

$2z-z^2=0$ のとき　$z=2$

$2z-z^2=1$ のとき　$z=1$ となって矛盾

$2z-z^2=z$ のとき　$z=0, 1$ となって矛盾

$$\therefore\ S_2=\{0,\ 1,\ 2\}$$

S_2 の任意の2数を x, y とすると

$$x \circ y \in S_2$$

となることは，右の表によって明らか。よって $S_2=\{0,\ 1,\ 2\}$ は求める集合である。

$x \circ y$ の表

x \\ y	0	1	2
0	0	1	2
1	1	1	1
2	2	1	0

問題 7

$a,\ b,\ c,\ d$ は有理数で

$$a+b\cdot\sqrt[4]{2}+c\cdot\sqrt[4]{4}+d\cdot\sqrt[4]{8}=0$$

のとき，$a,\ b,\ c,\ d$ はすべて 0 であることを証明せよ。

無方針に移行して平方，または 4 乗すると，複雑な計算になる．式の構造，とくに，無理数 $\sqrt[4]{4}$，$\sqrt[4]{4}$，$\sqrt[4]{8}$ の関係に目をつける．

$$\sqrt[4]{4}=\sqrt{2},\quad \sqrt[4]{8}=\sqrt[4]{4}\sqrt[4]{2}=\sqrt{2}\sqrt[4]{2}$$

そして，$\sqrt[4]{2}$ を含むものと，含まないものとに分ける。

$$(b+d\sqrt{2})\cdot\sqrt[4]{2}=-(a+c\sqrt{2})$$

このままで平方しても成功するが，計算は楽でない。それよりは $b+d\sqrt{2}\neq 0$ と仮定し，これで両辺を割って $\sqrt[4]{2}=p+q\sqrt{2}$ の形の式を導き，平方して，矛盾を導くのがよい。

解

$$(b+d\sqrt{2})\sqrt[4]{2}=-(a+c\sqrt{2}) \qquad ①$$

$b+d\sqrt{2}\neq 0$ と仮定すると，両辺を $b+d\sqrt{2}$ で割ることができるから

$$\sqrt[4]{2}=-\frac{a+c\sqrt{2}}{b+d\sqrt{2}}$$

右辺の分母を有理化すれば，右辺は $p+q\sqrt{2}$ の形の式になるから

☞ **注1**「$a,\ b$ が有理数で，$a+b\sqrt{2}=0$ のとき，$a=b=0$ となる」が基礎になっている。これを次の 2 つの条件のもとで証明してみよ。

(1) $\sqrt{2}$ が無理数であることが分かっているとき。

(2) $\sqrt{2}$ が無理数かどうか明らかでないとき。

$\sqrt[4]{2}=p+q\sqrt{2}$ （p，q は有理数）

両辺を平方し，

$\sqrt{2}=p^2+2pq\sqrt{2}+2q^2$

$\therefore$ $2pq=1$，$p^2+2q^2=0$

第２式から $p=q=0$，これは第１式に矛盾する。この矛盾は $b+d\sqrt{2}\fallingdotseq 0$ としたために起きたのであるから

$b+d\sqrt{2}=0$ $\therefore$ $b=d=0$

①から $a+c\sqrt{2}=0$

$\therefore$ $a=c=0$

$\therefore$ $a=b=c=d=0$

不合格と仮定するとオレは凡才→矛盾　よって合格.

問題８

すべての１次式 $ax+b$ に対して $(ax+b)(px+q)$ を x^2+x+1 で割ったときの余りが１になるようなある１次式 $px+q$ が存在するか。ただし，a，b，p，q は実数とする。

どんな a，$b(a\fallingdotseq 0)$ に対しても，p，q ($p\fallingdotseq 0$) が求められることを示せばよい。

この欄を読めば得するよ！

☞ **注１** $ax+b$ は x についての１次式とあるから $a\fallingdotseq 0$

また $px+q$ も１次式であるから $p\fallingdotseq 0$ を示さねばならない。

解

$(ax+b)(px+q)=apx^2+(bp+aq)x+bq$

これを x^2+x+1 で割ったときの余りは

$(bp+aq-ap)x+(bq-ap)$ であるから，

恒等式

$(bp+aq-ap)x+(bq-ap)=1$

をみたす，p，q が存在することを示せば

よい。これは x についての恒等式であるから

$$bp+aq-ap=0,\quad bq-ap=1$$

$$\begin{cases}(b-a)p+aq=0 & ① \\ -ap+bq=1 & ②\end{cases}$$

①×b−②×a

$$(a^2-ab+b^2)p=-a$$

①×a＋②×$(b-a)$

$$(a^2-ab+b^2)q=b-a$$

a，b は実数であるから

$$a^2-ab+b^2=\left(a-\frac{b}{2}\right)^2+\frac{3b^2}{4}\geqq 0$$

等号が成り立ったとすると

$$a-\frac{b}{2}=0,\quad b=0$$

∴　$a=0$ となって，仮定に反するから，等号が成り立たない．よって

$$\therefore\quad p=\frac{-a}{a^2-ab+b^2}\fallingdotseq 0$$

$$q=\frac{b-a}{a^2-ab+b^2}$$

となって，すべての $ax+b$ $(a\fallingdotseq 0)$ に対して，$px+q$ $(p\fallingdotseq 0)$ が存在する．

☞ **注2** A，B が実数で
$$A^2+B^2=0$$
ならば
$$A=B=0$$
である．
これは大切な基本事項である．

すべての男性に……
それぞれあるガールフレンドが存在する．

問題9

$(x+1)^{10}$ を x^3-1 で割ったときの余りを求めよ．また x^2+x+1 で割ったときの余りを求めよ．

3次式で割った余りは，2次以下の式だから ax^2+b+c とおいて，恒等式

$$(x+1)^{10}=(x^3-1)Q(x)+ax^2+bx+c$$

を利用する。x に1，ω，ω^2 を代入して，a，b，c に関する3つの方程式を導く。$\omega^3=1$，$\omega^2+\omega+1=0$ をうまく利用する。

解

$(x+1)^{10}=(x^3-1)Q+ax^2+bx+c$ とおく。

$x=1$，ω，ω^2 を代入して，

$$a+b+c=2^{10} \quad ①$$

$$a\omega^2+b\omega+c=(\omega+1)^{10}=(-\omega^2)^{10}=\omega^2 \quad ②$$

$$a\omega+b\omega^2+c=(\omega^2+1)^{10}=(-\omega)^{10}=\omega \quad ③$$

①＋②×ω＋③×ω^2 から

$$3a=2^{10}+2$$

①＋②×ω^2＋③×ω から

$$3b=2^{10}+\omega+\omega^2=2^{10}-1$$

①＋②＋③から

$$3c=2^{10}+\omega^2+\omega=2^{10}-1$$

$2^{10}=1024$　　$\therefore$　$a=342$，$b=c=341$

よって求める余りは　$342x^2+341x+341$

$(x+1)^{10}$ を x^2+x+1 で割ったときの余りは，上の式を x^2+x+1 で割ったときの余りに等しいから $-x-1$ である。

答　$342x^2+341x+341$，$-x-1$

この欄を読めば得するよ！

☞ **注1** x^2+x+1 を見たら ω（オメガー）を思い出そう。

答案では ω の正体

$$\omega=\frac{-1\pm\sqrt{3}i}{2}$$

を示すのがよい。

ω は $x^3-1=0$，

$x^2+x+1=0$

の解であるから

$\omega^3=1$

$\omega^2+\omega+1=0$

第2式から

$\omega+1=-\omega^2$

$\omega^2+1=-\omega$

$\omega^2+\omega=-1$

これらをうまく用いよう。

☞ **注2** 次の類題で，別の解き方も学んでおきたい。

問題10

$(x+1)^{10}$ を $(x-1)^3$ で割ったときの余りを求めよ。

$(x+1)^{10}=(x-1)^3Q(x)+ax^2+bx+c$ とおいて，$x=1$ を代入しても，方程式は 1 つしかできない．a，b，c の値を求めるには，方程式がさらに 2 つ必要．それは，両辺を微分してから $x=1$ を代入することを，2 回繰り返して求められる．微分を使わないときは，$(x+1)^{10}=\{(x-1)+2\}^{10}$ と変形して展開してみよ．

解

$$(x+1)^{10}=\{(x-1)+2\}^{10}$$
$$=(x-1)^{10}+10(x-1)^9\cdot2$$
$$+45(x-1)^8\cdot2^2+\cdots\cdots$$
$$\cdots\cdots+45(x-1)^2\cdot2^8+10(x-1)\cdot2^9+10^{10}$$

よって $(x+1)^{10}$ を $(x-1)^3$ で割ったときの余りは

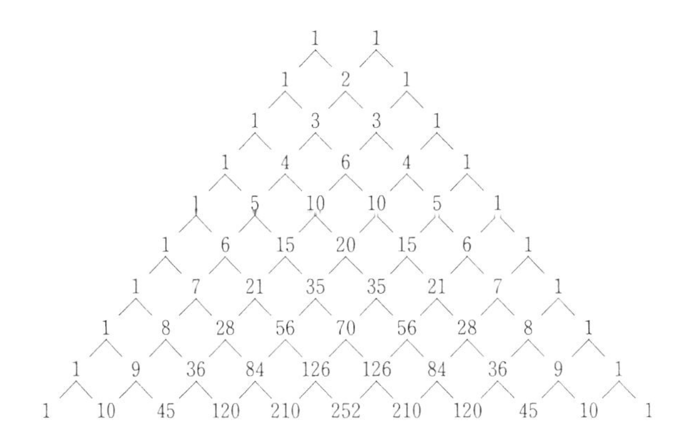

この欄を読めば得するよ！

注1 $(a+b)^{10}$ の展開式は 2 項定理によると ${}_{10}C_0a^{10}+{}_{10}C_1a^9b+{}_{10}C_2a^8b^2+\cdots\cdots+{}_{10}C_8a^2b^8+{}_{10}C_9ab^9+{}_{10}C_{10}b^{10}$ であるが，定理によらなくとも，左に示した Pascal の三角形によって求められる．

注2 微分法を応用して解いてみる．

$(x+1)^{10}=(x-1)^3Q(x)+ax^2+bx+c$

$x=1$ を代入して

$2^{10}=a+b+c$　①

微分して

$10(x+1)^9=3(x-1)^2Q(x)+(x-1)^3Q'(x)+2ax+b$

$x=1$ を代入して

$10\cdot2^9=2a+b$　②

さらに微分して

$90(x+1)^8=6(x-1)Q(x)+6(x-1)^2Q'(x)+(x-1)^3Q''(x)+2a$

$x=1$ を代入して

$90\cdot2^8=2a$　③

①，②，③を解いて

$a=45\cdot2^8$，$b=-70\cdot2^8$，$c=29\cdot2^8$

求める余りは

$2^8(45x^2-70x+29)$

$$45(x-1)^2 \cdot 2^8 + 10(x-1) \cdot 2^9 + 20^{10}$$

答　$2^8(45x^2-70x+29)$

人間は足である．しかし，考える足である．

§2. 方程式と不等式

問題11

a が正の数のとき，方程式

$$ax^n=x^{n-1}+x^{n-2}+\cdots\cdots+x^2+x+1$$

は正の解をいくつもつか。

微分法によらなくとも，$x=\dfrac{1}{t}$ とおいて，t の方程式にかえると，簡単に解決できる。微分法による場合は，このままよりも，両辺に $x-1$ をかけるのがよい。

解

$$ax^n=x^{n-1}+x^{n-2}+\cdots\cdots+x^2+x+1$$

この解は 0 に等しくないから $x=\dfrac{1}{t}$ とおくと

$$\frac{a}{t^n}=\frac{1}{t^{n-1}}+\frac{1}{t^{n-2}}+\cdots\cdots+\frac{1}{t^2}+\frac{1}{t}+1$$

$$a=t+t^2+\cdots\cdots+t^{n-1}+t^n$$

$$f(t)=t^n+t^{n-1}+\cdots\cdots+t^2+t-a$$

とおくと $f(0)=-a<0$

$t\to\infty$ のとき $f(t)\to\infty$

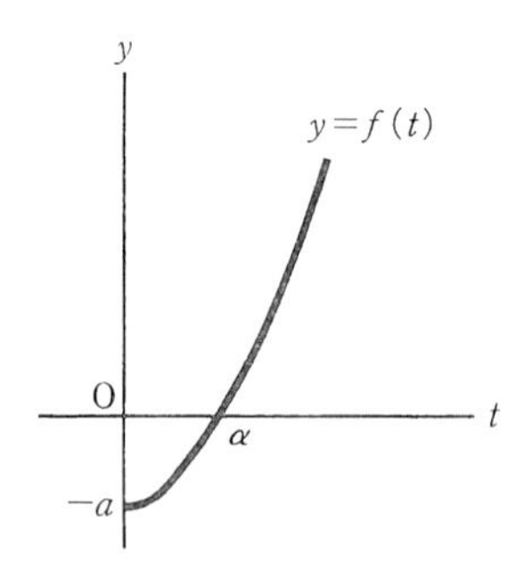

この欄を読めば得するよ！

☞ **注1** 微分法によってみる．

$x-1$ を両辺にかけて

$ax^n(x-1)=x^n-1$ ①

$f(x)=ax^n(x-1)-x^n+1$
$=ax^{n+1}-(a+1)x^n+1$

とおくと

$f'(x)=a(n+1)x^n-n(a+1)x^{n-1}$
$=a(n+1)x^{n-1}\left\{x-\dfrac{n(a+1)}{a(n+1)}\right\}$

$n\fallingdotseq a$ のとき $\dfrac{n(a+1)}{a(n+1)}\fallingdotseq 1$

①は 1 以外の正の解を 1 つもつ．したがって，もとの方程式は正の解を 1 つもつ．

$n=a$ のときは

$\dfrac{n(a+1)}{a(n+1)}=1$，$f(x)=0$ の正の解は 1 だけで，しかも重解であるから，もとの方程式も正の解を 1 つもち，これ以外に正の解がない．

☞ **注2** 整方程式 $a_0x^n+a_1x^{n-1}+\cdots\cdots+a_{n-1}x+a_n=0$ の係数を左から右へ順にみたとき，符号の変化が m

しかも，$f(t)$ は $t>0$ において増加関数であるから，正の解を１つもつ．

前の頁　注１の図

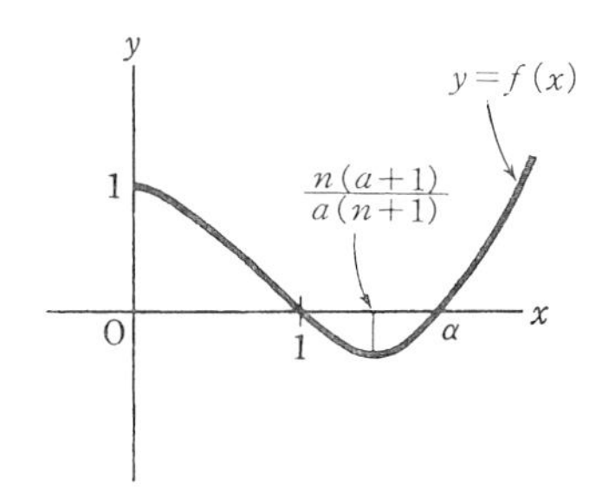

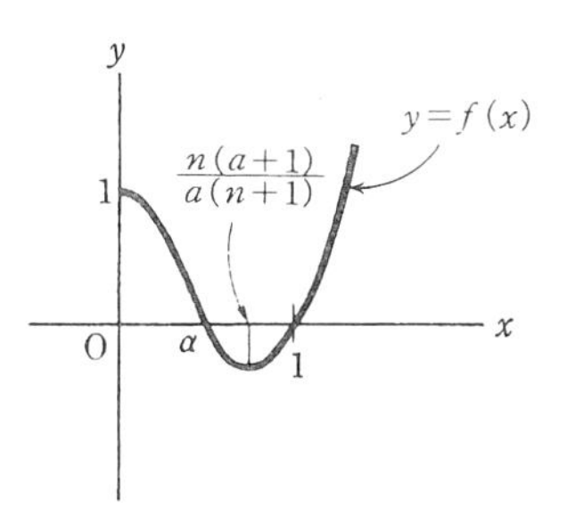

回ならば，この方程式の正の解の数は（m－偶数）個であることが知られている．これを Descartes の符号法則という．

これによると，与えられた方程式 $ax^n-x^{n-1}-x^{n-2}-\cdots\cdots-x-1=0$ の符号の変化は１回だから，正の解は１つである．

新デカルトの法則
顔色の変化回数でうその回数がわかる．

問題12

a，b，c は複素数で，R が正の数のとき

$$|a|R^2-|b|R-|c|>0$$

ならば，$ax^2+bx+c=0$ の２つの解の絶対値は R より小さい。これを証明せよ．

いろいろの解き方が考えられよう．背理法によれば，場合分けをしなくてすむ．絶対値に関する不等式で，最も多く用いられるのは $|\alpha+\beta|\leqq|\alpha|+|\beta|$ である．しかし，ここで

この欄を読めば得するよ！

は，このほかに$|\alpha|-|\beta|\leqq|\alpha+\beta|$がしばしば用いられる。

解1

$ax^2+bx+c=0$の解の1つを$|\alpha|$として，$|\alpha|\geqq R$とすれば矛盾に出会うことを示そう。

$$a\alpha^2+b\alpha+c=0 \quad \therefore \quad a+\frac{b}{\alpha}+\frac{c}{\alpha^2}=0$$

$$|a|=\left|-\frac{b}{\alpha}-\frac{c}{\alpha^2}\right|\leqq\left|\frac{b}{\alpha}\right|+\left|\frac{c}{\alpha^2}\right|$$

$$\leqq\frac{|b|}{R}+\frac{|c|}{R^2}$$

$$\therefore \quad |a|R^2-|b|R-|c|\leqq 0$$

これは仮定に矛盾する。よって$|\alpha|<R$

解2

$ax^2+bx+c=0$の解の1つをαとする。$|\alpha|\geqq R$とすれば

$$\begin{aligned}|a\alpha^2+b\alpha+c|&\geqq|a\alpha^2+b\alpha|-|c|\\&>|a\alpha+b||\alpha|-|c|\\&\geqq|a\alpha+b|R-|c|\\&\geqq(|a\alpha|-|b|)R-c\\&>|a||\alpha|R-|b|R-|c|\\&\geqq|a|R^2-|b|R-|c|>0\end{aligned}$$

$$\therefore \quad |a\alpha^2+b\alpha+c|\fallingdotseq 0$$

$$\therefore \quad a\alpha^2+b\alpha+c\fallingdotseq 0$$

これはαが$ax^2+bx+c=0$の解であることに矛盾する。

☞ **注1** 絶対値に関する不等式の基本になるのは

$$|\alpha+\beta|\leqq|\alpha|+|\beta|$$

である。

この式から

$$|\alpha|-|\beta|\leqq|\alpha+\beta| \quad ①$$

$$|\beta|-|\alpha|\leqq|\alpha+\beta| \quad ②$$

を導いてみよう．

①を示すには

$$|\alpha|\leqq|\alpha+\beta|+|\beta|$$

を示せばよい．

$$\begin{aligned}&|\alpha+\beta|+|\beta|\\&\quad=|\alpha+\beta|+|-\beta|\\&\quad\geqq|\alpha+\beta-\beta|=|\alpha|\end{aligned}$$

$$\therefore \quad |\alpha+\beta|\geqq|\alpha|-|\beta|$$

②も同様にして証明してみよ．

①と②はまとめれば

$$||\alpha|-|\beta||\leqq|\alpha+\beta|$$

$$\therefore \quad |\alpha|<R$$

解3

$ax^2+bx+c=0$ の解を α，β とすると，仮定の不等式から

$$R^2>\left|\frac{b}{a}\right|R+\left|\frac{c}{a}\right|$$

$$R^2>|\alpha+\beta|R+|\alpha\beta|$$

$$\geqq(|\alpha|-|\beta|)R+|\alpha||\beta|$$

$$|\alpha||\beta|+(|\alpha|-|\beta|)R-R^2<0$$

$$(|\alpha|-R)(|\beta|+R)<0$$

$$\therefore \quad |\alpha|<R$$

同様にして　$|\beta|<R$

問題13

$a+b+c=0$ のとき，次の式の値を求めよ．

$$\frac{a^5+b^5+c^5}{(a^3+b^3+c^3)(a^2+b^2+c^2)}$$

与えられた等式を用いて1文字を消去するのが，ありふれた方法．このほかに，基本対称式で表わす方法がある．$a+b+c=0$ だから，a，b，c の対称式は $bc+ca+ab$ と abc で表される．

解1

$a+b+c=0$ から $c=-(a+b)$

$a^2+b^2+c^2=a^2+b^2+(a+b)^2$

$$=2(a^2+ab+b^2)$$

$$a^3+b^3+c^3=a^3+b^3-(a+b)^3$$
$$=-3ab(a+b)$$

$$a^5+b^5+c^5=a^5+b^5-(a+b)^5$$
$$=-5a^4b-10a^3b^2-10a^2b^3-5ab^4$$
$$=-5ab\{a^3+b^3+2ab(a+b)\}$$
$$=-5ab(a+b)(a^2+ab+b^2)$$

$$\therefore\quad 与式=\frac{-5ab(a+b)(a^2+ab+b^2)}{-6ab(a+b)(a^2+ab+b^2)}$$
$$=\frac{5}{6}$$

☞ **注** 似た問題を練習として追加しておく．
$a+b+c=0$ のとき
$$\frac{a^7+b^7+c^7}{(a^5+b^5+c^5)(a^2+b^2+c^2)}$$
の値を求めよ．
（解 2 にならうと $a^7+b^7+c^7=7v^2w$）

解 2

a，b，c は 3 次方程式

$(x-a)(x-b)(x-c)=0$,

すなわち

$$x^3-(a+b+c)x^2+(bc+ca+ab)x-abc=0$$

の解である．ここで

$a+b+c=0$，$bc+ca+ab=v$，$abc=w$ とおくと

$$x^3=-vx+w$$

これに a，b，c を代入して

$$\left.\begin{array}{l}a^3=-va+w\\ b^3=-vb+w\\ c^3=-vc+w\end{array}\right\}\quad ①$$

これらの 3 式を加えて $a^3+b^3+c^3=3w$

①の各式にそれぞれ a^2，b^2，c^2 をかけて

対称式を基本対称式で作る．

から加えると

$$a^5+b^5+c^5$$
$$=-v(a^3+b^3+c^3)+w(a^2+b^2+c^2)$$

$$a^2+b^2+c^2$$
$$=(a+b+c)^2-2(bc+ca+ab)=-2v$$

$$\therefore\quad a^5+b^5+c^5=-v\cdot 3w+w\cdot(-2v)$$
$$=-5vw$$

$$与式=\frac{-5vw}{3w\cdot(-2v)}=\frac{5}{6}$$

問題14

次の問に答えよ．

(1)　$a \geqq b \geqq c$，$a' \geqq b' \geqq c'$ のとき，次の不等式を証明せよ．

$$\frac{aa'+bb'+cc'}{3} \geqq \frac{a+b+c}{3}\cdot\frac{a'+b'+c'}{3}$$

(2)　上の不等式の等号は，どんなときに成り立つか．

(3)　△ABC において BC$=a$, CA$=b$, AB$=c$ とし∠A$=\alpha$，∠B$=\beta$，∠C$=\gamma$ とおくとき，$\dfrac{a\alpha+b\beta+c\gamma}{a+b+c}$ の値の最小値を求めよ．

(1)　両辺の差の符号をみる．問題の順序からみて，(3)は(1)，(2)の応用であろうと予想する．

解

(1)　左辺を P，右辺を Q とおくと

$$9(P-Q)$$

$$=3(aa'+bb'+cc')-(a+b+c)(a'+b'+c')$$

$$=2(aa'+bb'+cc')-a(b'+c')-b(a'+c')-c(a'+b')$$

$$=\{2aa'-a(b'+c')\}+\{2bb'-b(a'+c')\}+\{2cc'-c(a'+b')\}$$

$$=a(a'-b')+a(a'-c')+b(b'-a')+b(b'-c')+c(c'-a')+c(c'-b')$$

$$=(a-b)(a'-b')+(a-c)(a'-c')+(b-c)(b'-c')\geqq 0$$

$$\therefore\quad P\geqq Q$$

(2) 等号の成り立つのは

$(a=b$ or $a'=b')$ and $(a=c$ or $a'=c')$ and $(b=c$ or $b'=c')$

組合わせると，8つの場合に分けられる。

$a=b,\ a=c,\ b=c\ \rightarrow\quad a=b=c$ ①

$a'=b',\ a'=c',\ b'=c'\rightarrow\quad a'=b'=c'$ ②

$a=b,\ a=c,\ b'=c'\rightarrow\quad a=b=c\rightarrow$ ①

$a=b,\ a'=c',\ b'=c'\rightarrow\quad a'=b'=c'\rightarrow$ ②

その他の4つの場合も①または②に含まれる。

よってまとめると，①または②になる。

答　$a=b=c$ または $a'=b'=c'$

(3) $a\geqq b\geqq c$ とすると $\alpha\geqq\beta\geqq\gamma$ であるから

$$\frac{a\alpha+b\beta+c\gamma}{3}\geqq\frac{a+b+c}{3}\cdot\frac{\alpha+\beta+\gamma}{3}$$

注1 (2)の等号が成り立つときの場合分けは，樹形図によると考えやすい。

- $a=b$
  - $a=c$
    - $b=c$ ① $(a=b=c)$
    - $b'=c'$ ①
  - $a'=c'$
    - $b=c$ ①
    - $b'=c'$ ②
- $a'=b'$
  - $a=c$
    - $b=c$ ①
    - $b'=c'$ ②
  - $a'=c'$
    - $b=c$ ②
    - $b'=c'$ ② $(a'=b'=c')$

チェビシェフの不等式.

注2 (1)の不等式をチェビシェフの不等式といい，

$$\therefore \quad \frac{a\alpha+b\beta+c\gamma}{a+b+c} \geqq \frac{\pi}{3}$$

$a=b=c$ のとき等号が成り立つから，

与えられた式の最小値は $\dfrac{\pi}{3}$ である．

3組より多くの数へ拡張することができる．

問題15

△ABCにおいて，BC＝a，CA＝b，AB＝c，$\triangle ABC=S$ とする．この三角形内の任意の点Pから辺BC，CA，ABにおろした垂線の長さをそれぞれ x，y，z とするとき，次の問に答えよ．

(1) $ax+by+cz$ は一定であることを証明せよ．

(2) $x^2+y^2+z^2$ の最小値を求めよ．

(1)△PBC，△PCA，△PABの面積の和は一定であることに着眼．(2)は(1)を用いる．コーシー（Cauchy）の不等式を用いる．

この欄を読めば得するよ！

解

(1) PとA，B，Cを結ぶと

△PBC＋△PCA＋△PAB＝△ABC

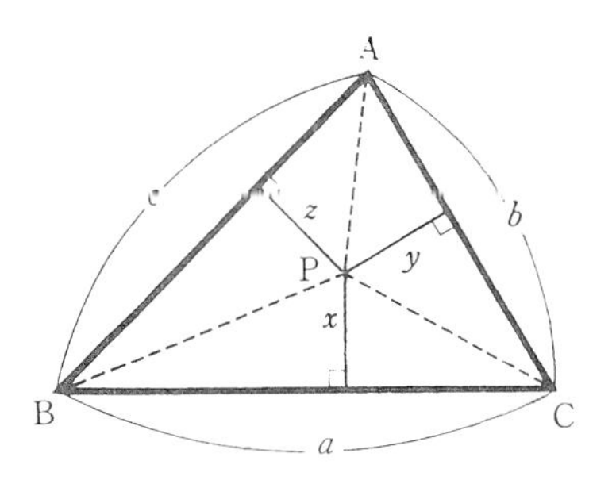

注1 コーシーの不等式は重要であるから証明を復習しておこう．余白の都合で2組の2文字（a，b），（x，y）の場合を示す．3文字の場合への拡張は読者におまかせ．

$(a^2+b^2)(x^2+y^2) \geqq (ax+by)^2$

等号は $\dfrac{x}{a}=\dfrac{y}{b}$ のときに限って成り立つ．

（証明）

左辺－右辺＝$(ay-bx)^2 \geqq 0$

一般化に向いたエレガントな証明もある．t に関する

$$\frac{1}{2}ax+\frac{1}{2}by+\frac{1}{2}cz=S$$

$$\therefore \quad ax+by+cz=2S \qquad (一定)$$

(2) Cauchy の不等式によって

$$(a^2+b^2+c^2)(x^2+y^2+z^2) \geqq (ax+by+cz)^2$$

$$\therefore \quad x^2+y^2+z^2 \geqq \frac{4S^2}{a^2+b^2+c^2}$$

等号は $\frac{x}{a}=\frac{y}{b}=\frac{z}{c}$ のとき成り立ち，

このとき $x^2+y^2+z^2$ は最小値

$\frac{4S^2}{a^2+b^2+c^2}$ をとる。

関数

$$f(t)=(at-x)^2+(bt-y)^2 \quad ①$$

$$=(a^2+b^2)t^2-2(ax+by)t+(x^2+y^2)$$

を考える．$f(t)$ は2次関数で，しかも，値は0以上であるから，判別式は0以下である．

よって

$$(ax+by)^2-(a^2+b^2)(x^2+y^2) \leqq 0$$

$$\therefore \quad (a^2+b^2)(x^2+y^2) \geqq (ax+by)^2$$

☞ **注2** コーシーの不等式を積分へ拡張したのはシュワルツである．

$$\int_a^b f(x)^2 dx \int_a^b g(x)^2 dx \geqq \left\{\int_a^b f(x)g(x)\,dx\right\}^2$$

問題16

次の問に答えよ。

(1) 関数 $y=x^{\frac{2}{3}}$ $(x \geqq 0)$ のグラフの概形をかけ。

(2) $a>b>0$ のとき，$\left(\frac{a+b}{2}\right)^{\frac{2}{3}}$ と $\frac{a^{\frac{2}{3}}+b^{\frac{2}{3}}}{2}$ の大小を判定せよ。

(3) $a>b>0$ のとき，$\sqrt{\frac{a^2+b^2}{2}}$ と $\sqrt[3]{\frac{a^3+b^3}{2}}$ の大小を判定せよ。

$y=x^{\frac{2}{3}}$ のグラフが上に凸であることを用いて(2)を解決する。(3)は直接やってもできるが，(2)に帰着させるのが，出題意図にそう。

$\left(\dfrac{a^2+b^2}{2}\right)^{\frac{1}{2}}$ と $\left(\dfrac{a^3+b^3}{2}\right)^{\frac{1}{3}}$ の大小判定→

$\dfrac{a^2+b^2}{2}$ と $\left(\dfrac{a^3+b^3}{2}\right)^{\frac{2}{3}}$ の大小判定

ここで $a^3=A$，$b^3=B$ とおくと $a^2=A^{\frac{2}{3}}$，$b^2=B^{\frac{2}{3}}$ となるから

$\dfrac{A^{\frac{2}{3}}+B^{\frac{2}{3}}}{2}$ と $\left(\dfrac{A+B}{2}\right)^{\frac{2}{3}}$ の大小判定

に変わり，(2)に帰着する。解答は，この逆順をふめばよいだろう。

解

(1)　$x=0$ のとき $y=0$

$x>0$ のとき

$$y'=\frac{2}{3}x^{-\frac{1}{3}}=\frac{2}{3x^{\frac{1}{3}}}$$

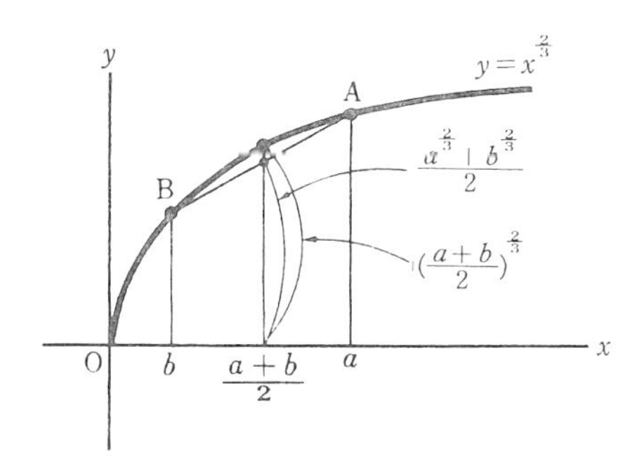

この欄を読めば得するよ！

凹凸ですべてが解決．
フヒヒヒ……

☞ **注** (3)は，2式の6乗の差の符号をみてもよいが，計算はかなりやっかいである。

$P=\sqrt{\dfrac{a^2+b^2}{2}}$，

$Q=\sqrt[3]{\dfrac{a^3+b^3}{2}}$

$x>0$ のとき $y''=-\dfrac{2}{9}x^{-\frac{4}{3}}<0$　　上に凸

(2)　$y=x^{\frac{2}{3}}$ のグラフは上に凸だから，図より

$$\left(\frac{a+b}{2}\right)^{\frac{2}{3}}>\frac{a^{\frac{2}{3}}+b^{\frac{2}{3}}}{2}$$

(3)　上の不等式の a，b をそれぞれ a^3，b^3 でおきかえると

$$\left(\frac{a^3+b^3}{2}\right)^{\frac{2}{3}}>\frac{a^2+b^2}{2}$$

両辺を $\dfrac{1}{2}$ 乗しても大小は変わらないから

$$\left(\frac{a^3+b^3}{2}\right)^{\frac{1}{3}}>\left(\frac{a^2+b^2}{2}\right)^{\frac{1}{2}}$$

$$\therefore\quad \sqrt{\frac{a^2+b^2}{2}}<\sqrt[3]{\frac{a^3+b^3}{2}}$$

P^6-Q^6

$=\left(\dfrac{a^2+b^2}{2}\right)^3-\left(\dfrac{a^3+b^3}{2}\right)^2$

$=\dfrac{(a^2+b^2)^3-2(a^3+b^3)^2}{8}$

$=\dfrac{3a^2b^2(a-b)^2-(a^3-b^3)^2}{8}$

$=\dfrac{(a-b)^2}{8}\{3a^2b^2-(a^2+ab+b^2)^2\}$

$=-\dfrac{(a-b)^2}{8}(a^4+2a^3b+2ab^3+b^4<0$

このような方法は，2式の根号の中の次数が高くなると，ますます困難になる．たとえば，次の2式の大小判定は容易でない．

$\sqrt[4]{\dfrac{a^4+b^4}{2}}$　$\sqrt[5]{\dfrac{a^5+b^5}{2}}$

この難問も $y=x^{\frac{4}{5}}$ のグラフが上に凸であること，あるいは $y=x^{\frac{5}{4}}$ のグラフが下に凸であることを用いると，解と同様の方法で解決される．

問題17

実数 a，b の小さくない方を $\max\{a,\ b\}$ で，a，b の大きくない方を $\min\{a,\ b\}$ で表すとき，次のことを証明せよ。

(1)　$|\max\{a,\ x\}-\max\{b,\ x\}|<|a-b|$

(2)　$|\min\{a,\ x\}-\min\{b,\ x\}|\leqq|a-b|$

(3)　$|\max\{a,\ b\}-\max\{c,\ d\}|\leqq|a-c|+|b-d|$

(1)，(2)は a，b と x との大小関係を場合分けして証明されるが，等式

$$\max\{a,\ b\}=\frac{|a-b|+a+b}{2},$$

$$\min\{a,\ b\}=\frac{a+b-|a-b|}{2} \qquad ①$$

を用いれば，場合分けをしないですむ．

(3)を場合分けしたのでは大変なことになる．(1)の利用を考えよ．

(1)　左辺

$$=\left|\frac{|a-x|+a+x}{2}-\frac{|b-x|+b+x}{2}\right|$$

$$=\left|\frac{|a-x|-|b-x|+(a-b)}{2}\right|$$

$$\leqq\frac{||a-x|-|b-x||+a-b|}{2}$$

しかるに

$$||a-x|-|b-x||\leqq|(a-x)-(b-x)|$$

$$=|a-b| \text{ であるから}$$

$$\text{左辺}\leqq\frac{|a-b|+|a-b|}{2}=|a-b|=\text{右辺}$$

(2)　(1)と同様であるから略す．

(3)　左辺

$$=|\max\{a,\ b\}-\max\{c,\ b\}+\max\{c,\ b\}-\max\{c,\ d\}|$$

$$\leqq|\max\{a,\ b\}-\max\{c,\ b\}|+|\max\{c,\ b\}-\max\{c,\ d\}|$$

この欄を読めば得するよ！

☞ **注1** ①は次の導き方によると簡単明瞭であろう．

$$\begin{cases}\max\{a,\ b\}+\min\{a,\ b\}=a+b\\ \max\{a,\ b\}-\min\{a,\ b\}=|a+b|\end{cases}$$

これを連立させ，$\max\{a,\ b\}$，$\min\{a,\ b\}$ について解く．

☞ **注2** (1)，(2)を場合分けによって解くときは，

$x\leqq a, b$，　$a, b\leqq x$，

$a\leqq x\leqq b$，　$b\leqq x\leqq a$

の4つに分ける．数直線上に図解してみよ．

☞ **注3** $-\min\{a,\ b\}=\max\{-a,\ -b\}$ を用いれば，(1)を用いて(2)が証明される．

左辺

$$=|-\max\{-a,\ -x\}+\max\{-b,\ -x\}|$$

$$=|\max\{-a,\ -x\}-\max\{-b,\ -x\}|$$

$$\leqq|(-a)-(-b)|$$

$$=|a-b|=\text{右辺}$$

☞ **注4** 絶対値に関する不等式で基礎になるのは，次の式である．

$$||a|-|b||\leqq|a+b|\leqq|a|+|b|$$

$\leqq |a-c|+|b-d|$

ふつう平方して証明するが，ここでは，応用の広い
$|\boldsymbol{a}|=\mathbf{max}\{\boldsymbol{a},\ -\boldsymbol{a}\}$
$\boldsymbol{c}\geqq \boldsymbol{a},\ \boldsymbol{b}\Longleftrightarrow \boldsymbol{c}\geqq \mathbf{max}\{\boldsymbol{a},\ \boldsymbol{b}\}$
の利用をすすめよう．
$|a|\geqq a$, $|b|\geqq b$ から
$$|a|+|b|\geqq a+b$$
$|a|\geqq -a$, $|b|\geqq -b$ から
$$|a|+|b|\geqq -(a+b)$$
この2式から
$$|a|+|b|$$
$$\geqq \max\{a+b,\ -(a+b)\}$$
$$=|a+b|$$
次に $|a|=|(a+b)+(-b)|$
$\leqq |a+b|+|-b|$ から
$$|a|-|b|\leqq |a+b|$$
a, b を入れかえて
$$|b|-|a|\leqq |b+a|$$
$$=|a+b|$$
$$\therefore\ \ ||a|-|b||\leqq |a+b|$$

max と min……
―ハハーあれか．

§3. 関数の変化と合成

問題18

(1)　a, b は正の定数であるとき，次の関数のグラフをかけ。

$$f(x)=\frac{x-a}{1+ax},\quad g(x)=\frac{b-x}{1+bx}$$

(2)　$f(x)+g(x)+h(x)=f(x)g(x)h(x)$ のとき，$h(x)$ は x に関係のない定数であることを証明せよ。

(1)　分子を分母で割って $p+\dfrac{r}{x-q}$ の形に変形する。(2)　$h(x)$ が x を含まない式で表されることを示せばよい。

この欄を読めば得するよ！

注　1次の分数関数

$$y=\frac{ax+b}{cx+d}\quad (c\neq 0)$$

は分子を分母で割るなどして

$$(x-p)(y-q)=k$$

の形にかえることができる。

この式からグラフは直角双曲線

$$xy=k$$

を平行移動したもので，漸近線は $x=p$ と $y=q$ であることなどが読みとれる。

解

(1)　$y=f(x)=\dfrac{1}{a}-\dfrac{a^2+1}{a(ax+1)}$

漸近線 $x=-\dfrac{1}{a}$, $y=\dfrac{1}{a}$

$y=g(x)=-\dfrac{1}{b}+\dfrac{b^2+1}{b(bx+1)}$

漸近線 $x=-\dfrac{1}{b}$, $y=-\dfrac{1}{b}$

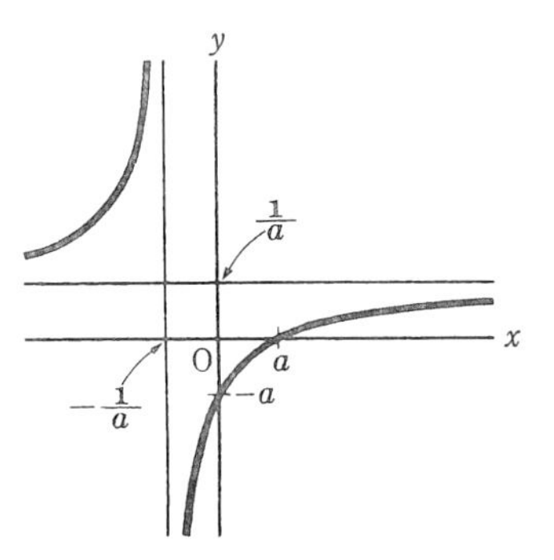

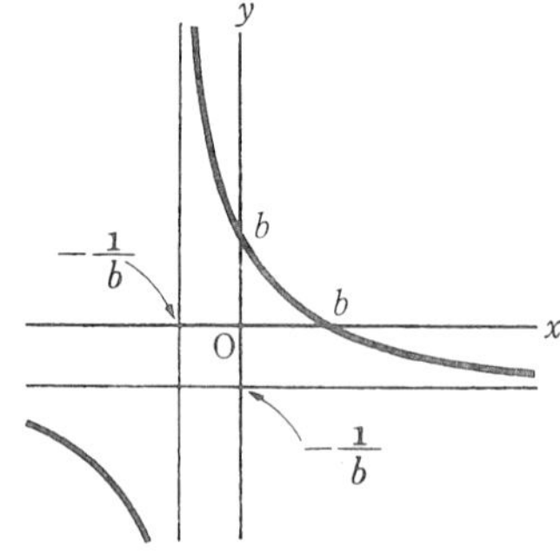

(2)　$h(x)=\dfrac{f(x)+g(x)}{f(x)g(x)-1}$

$$=\frac{\dfrac{x-a}{1+ax}+\dfrac{b-x}{1+bx}}{\dfrac{x-a}{1+ax}\cdot\dfrac{b-x}{1+bx}-1}$$

$$=\frac{(x-a)(1+bx)-(x-b)(1+ax)}{-(x-a)(x-b)-(1+ax)(1+bx)}$$

$$=\frac{-(a-b)(x^2+1)}{-(1+ab)(x^2+1)}=\frac{a-b}{1+ab}$$

よって $h(x)$ は x に関係のない定数である．

問題19

a，$b\geqq 3$ のとき，a，b についての関数

$$\frac{ab+1}{ab-a-b}$$

の最大値を求めよ．またそのときの a，b の値を求めよ．

2変数の関数の最大値，b を固定して a を変化させて最大値 M を求める．その M で b を変化させて，M の最大値を求める．つまり，最大値の最大値を求めればよい．

b を一定にしておき，a についての関数とみると

$$f(a)=\frac{ba+1}{(b-1)a-b}$$

分子を分母で割って変形すると

$$f(a)=\frac{b}{b-1}+\frac{b-1+b^2}{(b-1)^2}\Big/\left(a-\frac{b}{b-1}\right)$$
$$(a\geqq 3)$$

$$\frac{b}{b-1}=1+\frac{1}{b-1}\leqq\frac{3}{2}$$

$$\therefore\quad a-\frac{b}{b-1}>0$$

よって $f(a)$ は減少関数であるから，$a=3$ のとき最大である。最大値を $M(b)$ とおくと

$$M(b)=\frac{3b+1}{2b-3}=\frac{3}{2}+\frac{11}{4}\Big/\left(b-\frac{3}{2}\right)$$
$$(b\geqq 3)$$

$M(b)$ も減少関数であるから，$b=3$ のとき最大である。その最大値は

$$M(3)=\frac{10}{3}$$

答　$a=b=3$ のとき，最大値 $\frac{10}{3}$

足先を固定し，しりをふる．
一方を固定し，他を動かす．

問題20

a，b，c は定数で，$a>b>c$，$x\geqq y\geqq z$，$x+y+z=1$ のとき，次の関数の最小値を求めよ．

$$P=ax+by+cz$$

常識的解き方は，条件の等式 $x+y+z=1$ を用いて，一変数を消去する方法であろう。P は2変数の関数にかわり，変域は xy-平面

この欄を読めば
得するよ！

上の領域で示されるから，グラフを移動させてみればよい。

チェビシェフの不等式（注をみよ）のよく見かける証明を知っておれば，解2のようなエレガントな解法が得られる。

解1

$x \geqq y \geqq z$ ①

$x+y+z=1$ ②

②から $z=1-x-y$，これを P に代入して

$P=(a-c)x+(b-c)y+c$

$\dfrac{P-c}{b-c}=\dfrac{a-c}{b-c}x+y$ ③

$\dfrac{P-c}{b-c}=k$ とおくと $P=(b-c)k+c$，

$b-c>0$ であるから，P を最小にするには，k を最小にすればよい。③から

$y=-\dfrac{a-c}{b-c}x+k$ ④

$z=1-x-y$ を①に代入して

$x \geqq y \geqq 1-x-y$

$$\therefore \begin{cases} y \leqq x \\ y \geqq -\dfrac{x}{2}+\dfrac{1}{2} \end{cases}$$

これは，図の陰影をつけた領域で示される。仮定によって $a-c>b-c$ であるから

$$-\frac{a-c}{b-c}<-1$$

☞ **注** $a \geqq b \geqq c$，$x \geqq y \geqq z$ のとき

$$\frac{ax+by+cz}{3} \geqq \frac{a+b+c}{3}\cdot\frac{x+y+z}{3}$$

等号は $a=b=c$ または $x=y=z$ のときに成り立つ。

これがチェビシェフの不等式で，4組以上の数に拡張しても成り立つ。2組の数のときは

$$\frac{ax+by}{2} \geqq \frac{a+b}{2}\cdot\frac{x+y}{2}$$

（p. 48，49を参照）

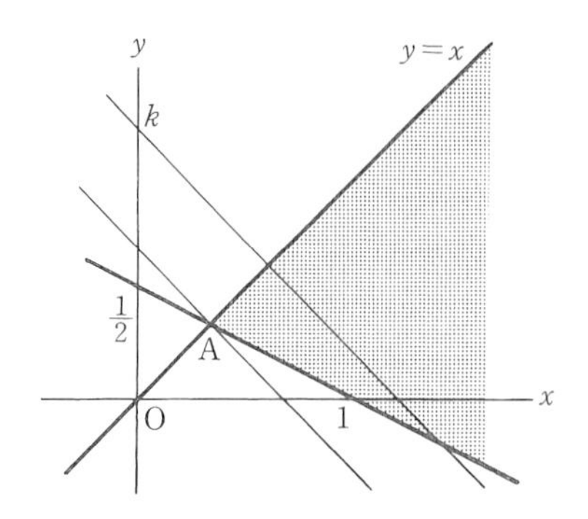

したがって，直線④が $\mathrm{A}\left(\frac{1}{3},\ \frac{1}{3}\right)$ を通るとき k は最小，したがって P は最小になる。$x=y=\frac{1}{3}$ のとき $z=\frac{1}{3}$

$$P_{\min}=\frac{a+b+c}{3}$$

解2

$Q=3P-(a+b+c)$ とおくと

$$Q=3(ax+by+cz)-(a+b+c)(x+y+z)$$
$$=2ax+2by+2cz-(b+c)x-(a+c)y-(a+b)z$$
$$=a(x-y)+a(x-z)+b(y-x)+b(y-z)+c(z-x)+c(z-y)$$
$$=(a-b)(x-y)+(a-c)(x-z)+(b-c)(y-z)$$

仮定 $a>b>c$，$x\geqq y\geqq z$ によって

$$Q\geqq 0 \qquad \therefore \quad P\geqq\frac{a+b+c}{3}$$

等号は $x=y=z$ のときに成り立つ。よっ

て

$$P_{\min}=\frac{a+b+c}{3}$$

問題21

a, b を実数とするとき，次の問に答えよ．

(1) すべての実数 x について

$$(1-a)x^2+2bx+(1+a)>0 \qquad ①$$

が成り立つための条件を求めよ．

(2) すべての実数 x について

$$(1+a)x^2+(1+b)>0 \qquad ②$$

が成り立つための条件を求めよ．

(3) すべての実数 x について①が成り立つならば，すべての実数 x について②は成り立つことを証明せよ．

$ax^2+bx+c>0$ がすべての実数 x について成り立つための条件は，$a\fallingdotseq 0$ のときと，$a=0$ のときに分けて考えよ．

$a\fallingdotseq 0$ のときは，$a>0$ でかつ $b^2-4ac<0$

$a=0$ のときは，さらに，$b=0$，$c>0$

(1) $a=1$ のときは $2bx+2>0 \quad \therefore \quad b=0$

$a\fallingdotseq 1$ のときは $1-a>0$,

かつ $b^2-(1-a)(1+a)<0$

$a<1$, $a^2+b^2<1$

$a<1$ は $a^2+b^2<1$ に含まれる．

答　$a^2+b^2<1$ または $a=1$, $b=0$

(2)　$a=-1$ のとき　$1+b>0$

　$\therefore$　$b>-1$

　$a\neq-1$ のとき　$1+a>0$,

　　かつ $0^2-(1+a)(1+b)<0$

　　　$\therefore$　$a>-1$, $b>-1$

答　$a\geqq-1$, $b>-1$

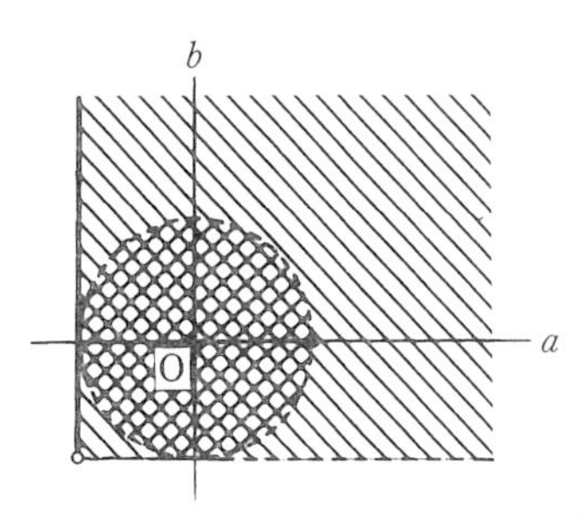

(3)「すべての実数 x について①が成り立つ」を p,「すべての実数 x について②が成り立つ」を q とする。

p の真理集合を P

q の真理集合を Q

とすると,

$P=\{(a, b)\,|\,a^2+b^2<1$ or $a=1, b=0\}$

$Q=\{(a, b)\,|\,a\geqq-1, b>-1\}$

図からわかるように

$P\subseteqq Q$

$\therefore$　p ならば q である。

☞ **注** (1)において命題
$(1-a)x^2+2bx+(1+a)>0$
には3つの変数 x, a, b があるけれども，命題
　すべての x について
　「$(1-a)x^2+2bx+(1+a)>0$」　①
には2つの変数 a, b しかない．このことは，これと同値な命題が
$a^2+b^2<1$ or $a=1$, $b=0$
であることから明らかであろう．命題①で，a, b を**自由変数**といい，x を**束縛変数**という．

自由変数と束縛変数.

問題22

a, b, c は0でない相異なる数で，関数 $f(x)=k-\dfrac{1}{x}$ は

$$f(a)=b,\ f(b)=c,\ f(c)=a \qquad ①$$

をみたすとき，

(1)　k の値を求めよ。

(2)　abc の値を求めよ。

条件式から b, c を消去して，a と k についての等式を導き，k について解く。

この欄を読めば得するよ！

(1)　$b=f(a)=k-\dfrac{1}{a}=\dfrac{ka-1}{a}$ 　②

$c=f(b)=k-\dfrac{1}{b}=k-\dfrac{a}{ka-1}$

$=\dfrac{(k^2-1)a-k}{ka-1}$ 　③

$a=f(c)=k-\dfrac{1}{c}=k-\dfrac{ka-1}{(k^2-1)a-k}$

$\therefore\ (k^2-1)a^2-ka$

$=k(k^2-1)a-k^2-ka+1$

$(k^2-1)a^2-k(k^2-1)a+(k^2-1)=0$

$(k^2-1)(a^2-ka+1)=0$

$\therefore\ k=\pm1$ または $k=a+\dfrac{1}{a}$

$k=a+\dfrac{1}{a}$ のときは②に代入すると

$b=a$ となって $b\neq a$ に反する。

答　$k=\pm 1$

(2)　$k=\pm 1$ のとき②，③から

$$b=\frac{ka-1}{a},\quad c=\frac{-k}{ka-1}$$

$$\therefore\quad abc=a\cdot\frac{ka-1}{a}\cdot\frac{-k}{ka-1}=-k$$

答　$k=1$ のとき $abc=-1$，
$k=-1$ のとき $abc=1$

問題23

$f(x)=\dfrac{1+x}{1-x}$ のとき

$f_1(x)=f(x)$，$f_2(x)=f(f_1(x))$，$f_3(x)=f(f_2(x))$，……
と約束するとき，$f_{18}(x)$ を求めよ。

関数の合成に関する問題である。とにかく，$f_1(x)$，$f_2(x)$，$f_3(x)$，……を順に求めてみて，どんな規則があるかを見ることがキーポイント。

この欄を読めば
得するよ！

解

$$f_1(x)=f(x)=\frac{1+x}{1-x}$$

$$f_2(x)=f(f_1(x))=\frac{1+f_1(x)}{1-f_1(x)}$$

$$=\frac{1+\dfrac{1+x}{1-x}}{1-\dfrac{1+x}{1-x}}=-\frac{1}{x}$$

$$f_3(x)=f(f_2(x))=\frac{1+f_2(x)}{1-f_2(x)}$$

$$=\frac{1-\dfrac{1}{x}}{1+\dfrac{1}{x}}=\frac{x-1}{x+1}$$

$$f_4(x)=f(f_3(x))=\frac{1+f_3(x)}{1-f_3(x)}$$

$$=\frac{1+\dfrac{x-1}{x+1}}{1-\dfrac{x-1}{x+1}}=x$$

$$\therefore\quad f_5(x)=f(f_4(x))=\frac{1+x}{1-x}=f_1(x)$$

よって $f_n(x)$ は，周期 4 で同じ変化をくり返す．

$$\therefore\quad f_{18}(x)=f_{14}(x)=f_{10}(x)=f_6(x)$$

$$=f_2(x)=-\frac{1}{x}$$

答　$-\dfrac{1}{x}$

§4. 軌跡と領域

問題24

平面上に原点を通らない2つの定直線

$$g_1 : a_1x + b_1y + c_1 = 0 \qquad g_2 : a_2x + b_2y + c_2 = 0$$

がある．原点を通る任意の直線 g が g_1，g_2 と交わる点を P_1，P_2 とし，g 上に点Qを

$$\frac{1}{OP_1} + \frac{1}{OP_2} = \frac{2}{OQ}$$

をみたすようにとるとき，Qの軌跡を求めよ．

ただし，OP_1，OP_2，OQ は直線 g 上の有向線分とする．

OP と OQ が g 上の有向線分であるというのは，同じ向きならば，大きさは，同符号で，異なる向きならば異符号の意味である．そこで $OP = k \cdot OQ$ とおいたとすると，OP と OQ が同じ向きならば $k>0$，反対向きならば $k<0$ になる．そしてQの座標を $(x,\ y)$ とすると，Pの座標は $(kx,\ ky)$ で表される．この表し方が方程式を作る基礎知識になる．

この欄を読めば得するよ！

☞ **注** $f(x,\ y)=0$ ①

$g(x,\ y)=0$ ②

この2式から

$mf(x,\ y)+ng(x,\ y)=0$ ③

を作る．

①と②が直線のとき③は，それらの直線の交点を通る直線になる．

①と②が円のとき，③は，2円の交点を通る円または直線になる．

解

Qの座標を $(x,\ y)$ とし，$OP_1 = k_1 \cdot OQ$，$OP_2 = k_2 \cdot OQ$ とおくと

$P_1(k_1x,\ k_1y)$，$P_2(k_2x,\ k_2y)$ と表される．これらの座標を g_1，g_2 の方程式に代入すると

$$a_1k_1x + b_1k_1y + c_1 = 0$$

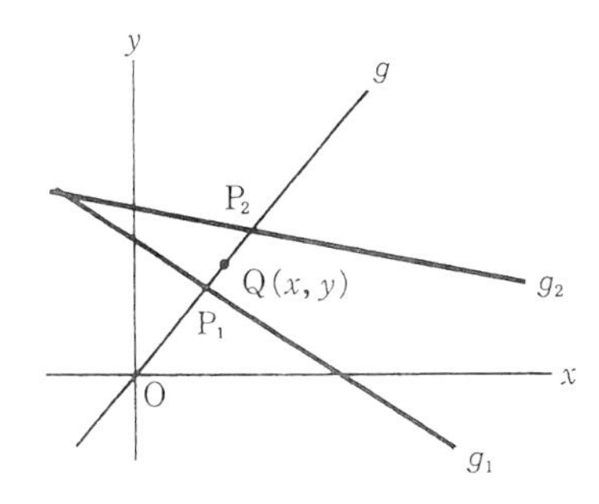

$$a_2k_2x+b_2k_2y+c_2=0$$

$$\therefore\quad \frac{1}{k_1}=-\frac{a_1x+b_1y}{c_1}\quad (c_1\neq 0)$$

$$\frac{1}{k_2}=-\frac{a_2x+b_2y}{c_2}\quad (c_2\neq 0)$$

仮定から $\dfrac{1}{k_1\cdot \mathrm{OQ}}+\dfrac{1}{k_2\cdot \mathrm{OQ}}=\dfrac{2}{\mathrm{OQ}}$

$$\therefore\quad \frac{1}{k_1}+\frac{1}{k_2}=2$$

よって $-\dfrac{a_1x+b_1y}{c_1}-\dfrac{a_2x+b_2y}{c_2}=2$

$$c_2(a_1x+b_1y+c_1)+c_1(a_2x+b_2y+c_2)=0 \quad ①$$

よって，点Qの軌跡は，g_1，g_2 の交点を通る直線①である．

問題25

放物線 $y=x^2-a^2$ $(a\neq 0)$ が x 軸と交わる点をA，Bとする．この放物線上の任意の点をHとし，Hを垂心にもつ三角形ABCを作るとき，頂点Cの軌跡は，a に関係のない定直線であることを証明せよ．

軌跡を求めるオーソドックスな道を選べ。$\mathrm{H}(\alpha,\ \beta)$ として α, β に関する方程式を作り，α, β を消去する。

Hの座標を $(\alpha,\ \beta)$ とすると，

$$\beta=\alpha^2-a^2 \qquad ①$$

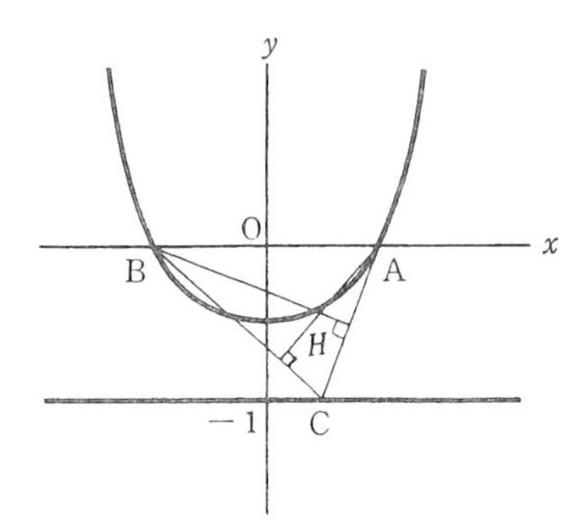

直線AHの傾きは $\dfrac{\beta}{\alpha-a}$ であるから，

直線BCの方程式は

$$y=-\frac{\alpha-a}{\beta}(x+a)$$

これに①を代入して β を消去すれば

$$y=-\frac{x+a}{\alpha+a} \qquad ②$$

同様にして，直線ACの方程式は

$$y=-\frac{x-a}{\alpha-a} \qquad ③$$

②と③から $y(\alpha+a)=-x-a$

$$y(\alpha-a)=-x+a$$

$\therefore\quad 2ay=-2a \qquad \therefore\quad y=-1$

この欄を読めば得するよ！

☞ 注 この解において，x, y はふつうの変数で，$(\alpha,\ \beta)$ は媒介変数である。媒介変数 α, β を消去すると，a と x も自然に消去される特殊な場合である。

$$\left.\begin{array}{l}\beta=\alpha^2-a^2\\ y=-\dfrac{x+a}{\alpha+a}\\ y=-\dfrac{x-a}{\alpha-a}\end{array}\right\}\xrightarrow[\alpha,\ \beta\text{ を消去}]{} y=-1$$

媒妁人はやがて不要になる。

頂点Cの軌跡は直線 $y=-1$ であるから，a に関係なく一定である。

問題26

直線 $x(1-t^2)+2yt=a(1+t^2)$，$(a\neq 0)$ がある。

t の2つの値 t_1，t_2 $(t_1\neq t_2)$ に対応する直線を g_1，g_2 とするとき，次の問に答えよ。

(1) g_1，g_2 の交点の座標 (x, y) を求めよ。

(2) $t_2\to t_1$ のときの (x, y) の極限値 (X, Y) を求めよ。

(3) t_1 がすべての実数値をとって変わるとき，点 (X, Y) の軌跡を求めよ。

解

(1) $x(1-t_1{}^2)+2yt_1=a(1+t_1{}^2)$　①

$x(1-t_2{}^2)+2yt_2=a(1+t_2{}^2)$　②

①×t_2－②×t_1 から

$x(t_2-t_1)(1+t_1t_2)=a(t_2-t_1)(1-t_1t_2)$

$t_2-t_1\neq 0$ だから $x(1+t_1t_2)=a(1-t_1t_2)$　③

①×$(1-t_2{}^2)$－②×$(1-t_1{}^2)$

$2y(t_1-t_2)(1+t_1t_2)=2(t^2{}_1-t^2{}_2)a$

$t_1-t_2\neq 0$ だから　$y(1+t_1t_2)=(t_1+t_2)a$　④

$1+t_1t_2\neq 0$ のとき

$$x=\frac{1-t_1t_2}{1+t_1t_2}a,\quad y=\frac{t_1+t_2}{1+t_1t_2}a\quad\cdots\cdots 答$$

この欄を読めば得するよ！

☞ **注1** この問題作成のタネ明しをしよう．

$$x^2+y^2=a^2$$

この円上の点 (x_1, y_1) は

$$x_1=a\cos\theta=\frac{1-t^2}{1+t^2}a$$

$$y_1=a\sin\theta=\frac{2t}{1+t^2}a$$

$$\left(ただし\ t=\tan\frac{\theta}{2}\right)$$

この点における接線は

$x_1x+y_1y=a^2$

これに x_1，y_1 の式を代入すれば

$$\frac{1-t^2}{1+t^2}ax+\frac{2t}{1+t^2}ay=a^2$$

(2)　$t_2 \to t_1$ のとき $x \to X$，$y \to Y$ だから

$$X = \frac{1-t_1^{\ 2}}{1+t_1^{\ 2}}a, \quad Y = \frac{2t_1}{1+t_1^{\ 2}}a \quad \cdots\cdots 答$$

(3)　第1式から $a+X=\dfrac{2a}{1+t_1^{\ 2}}$，これと第2式とから $Y=(a+X)t_1$

$X \fallingdotseq -a$ のとき $t_1=\dfrac{Y}{a+X}$

$$\therefore \quad (a+X)\left\{1+\frac{Y^2}{(a+X)^2}\right\}=2a$$

$$X^2+Y^2=a^2$$

$X=-a$ のとき $a=0$ となって仮定に反する。

答　$X^2+Y^2=a^2$，$X \fallingdotseq -a$

$$(1-t^2)x+2yt=a(1+t^2)$$

☞ **注2** 上の方程式を t について整理すると

$$(a+x)t^2-2yt+(a-x)=0$$

t についての2次方程式とみて重解の条件を求めれば

$$y^2-(a+x)(a-x)=0$$

$$x^2+y^2=a^2$$

となって答の円が現れた．

さて，これは，なぜか．

問題27

座標平面上の直線 g が，2直線 $y=x$，$y=-x$ と交わる点をそれぞれ $\mathrm{A}(a,\ a)$，$\mathrm{B}(b,\ -b)$ とする．g が $a+b=k$ $(k>0)$ なる条件を満たしながら動くとき，どの g の上にもない点の存在する範囲を求め，これを図示せよ．

直線の方程式を，パラメーター a を含む式で表わすと

$$2a^2-2(y+k)a+k(x+y)=0$$

となる．もし点 $(x,\ y)$ を通る直線 g が存在しないとすると，g に対応する a の実数値も存在しない．この逆も真だから，判別式<

この欄を読めば得するよ！

0によって，求める範囲が表されるはず．

gは2点A$(a,\ a)$，B$(b,\ -b)$を通る直線であるから，方程式は

$$(a-b)(y-a)-(a+b)(x-a)=0$$

仮定によって$a+b=k$だから$b=k-a$，これを上の方程式に代入して

$$(2a-k)(y-a)-k(x-a)=0$$

$$2a^2-2(y+k)a+k(x+y)=0$$

点$(x,\ y)$を通るgがないことは，上の方程式をみたすaの実数値がないことと同値であるから

$$\frac{判別式}{4}=(y+k)^2-2k(x+y)<0$$

$$\frac{1}{2k}y^2+\frac{k}{2}<x$$

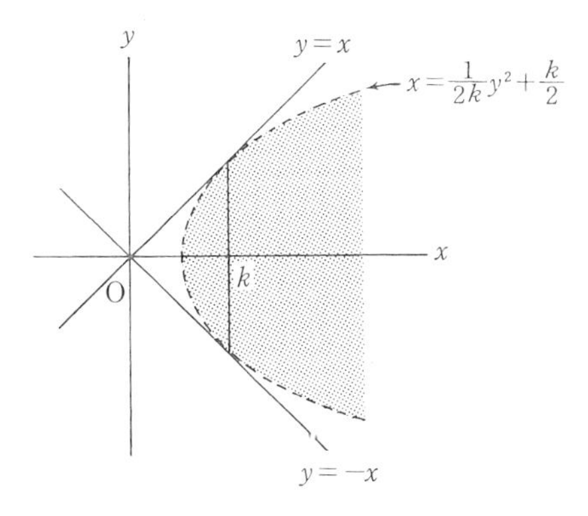

よって，求める範囲は，放物線

だれにも相手にされない男の集合．

$$\frac{1}{2k}y^2+\frac{k}{2}=x$$

の右側である。

問題28

双曲線 $xy=1$ の点 $\mathrm{T}\left(t,\ \frac{1}{t}\right)$ を通り，互いに直交する 2 本の直線が再び双曲線と交わる点をそれぞれ A，B とし，A，B における接線の交点を P とする。このとき次の問に答えよ。

(1) A，B の x 座標をそれぞれ a，b とするとき，a，b，t の間に成り立つ等式を求めよ。

(2) 点 T を固定し，A，B を変化させたときの点 P の軌跡を求めよ。

(3) 点 T が双曲線上を動くとき，点 P の存在する範囲を求めよ。

双曲線 $xy=1$ 上の点 $(x_1,\ y_1)$ における接線の方程式は

$$xy_1+yx_1=2$$

であることを使うと楽である。軌跡の限界に注意せよ。

この欄を読めば得するよ！

解

(1) 直線 AT の傾きは

$$\left(\frac{1}{t}-\frac{1}{a}\right)\Big/(t-a)=-\frac{1}{at}$$

同様にして，BT の傾きは $-\frac{1}{bt}$

AT⊥BT から $\left(-\frac{1}{at}\right)\left(-\frac{1}{bt}\right)=-1$

☞ **注1** t，a，b は双曲線 $xy=1$ の上の点の x 座標であるから 0 になることはない。

$\therefore \quad abt^2=-1$ ①

(2) 接線 AP，BP の方程式は

$$\begin{cases} \dfrac{x}{a}+ay=2 & ② \\ \dfrac{x}{b}+by=2 & ③ \end{cases}$$

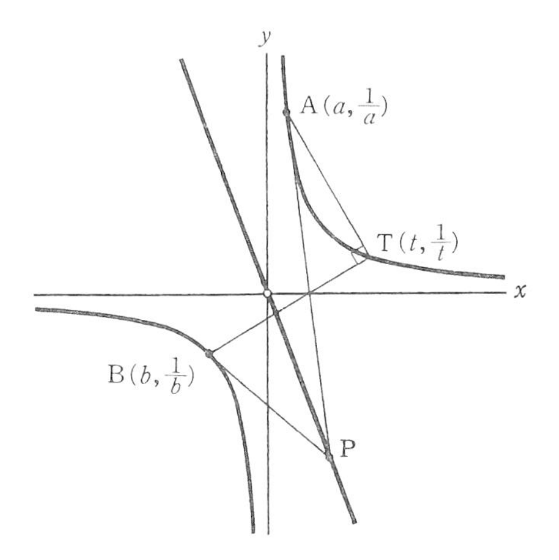

これを連立させれば，その解は P の座標である。

2式の差をとり

$$x\frac{b-a}{ab}+(a-b)y=0$$

しかるに $a \neq b$

$\therefore \quad x=aby$ ④

これを②に代入して

$(a+b)y=2$

$\therefore \quad y=\dfrac{2}{a+b}$ ⑤

①より $b=-\dfrac{1}{at^2}$ これを④，⑤に代入して

$$y+t^2x=0$$

$$y=\frac{2at^2}{a^2t^2-1}$$

aは，0以外の任意の値を独立にとりうるから，y は0以外のどんな値でもとりうる。

よって $\mathrm{T}\left(t,\ \dfrac{1}{t}\right)$ を固定したときのPの軌跡は，原点を通る直線 $y+t^2x=0$ から原点を除いたものである。

(3) 直線 $y=-t^2x$ $(x\neq 0)$ の傾き $-t^2$ はすべての負の値をとりうるから，$\mathrm{P}(x,\ y)$ の存在範囲は第2，第4象限内である。

☞ 注2 ⑤から $y\neq 0$ したがって $y+t^2x=0$ から $x\neq 0$

問題29

$A=\{(x,\ y)\mid x^2+y^2\leqq 1\}$，$B=\{(x,\ y)\mid y\geqq a|x|+b\}$ のとき $A\subseteqq B$ となるための条件を求めよ。また，それを ab-平面上に図示せよ。

$a\leqq 0$ のとき，$a>0$ のときに分けると考えやすい

この欄を読めば得するよ！

(i) $a\leqq 0$ のとき

$b\leqq -1$ が必要で，しかも，これで十分

である．

(ii)　$a>0$ のとき

$b\leqq -1$ なること必要．さらに直線 $y=ax+b$ と，円 $x^2+y^2=1$ とが，異なる 2 点で交わらなければよい．

$$\begin{cases} y=ax+b \\ x^2+y^2=1 \end{cases}$$

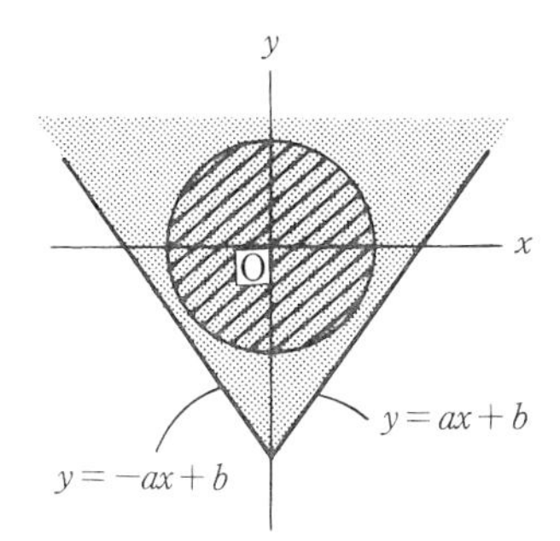

y を消去すると

$$x^2+(ax+b)^2=1$$

$$(a^2+1)x^2+2abx+(b^2-1)=0$$

異なる 2 つの実数解をもたないためには

$$a^2b^2-(a^2+1)(b^2-1)\leqq 0$$

$$a^2-b^2+1\leqq 0$$

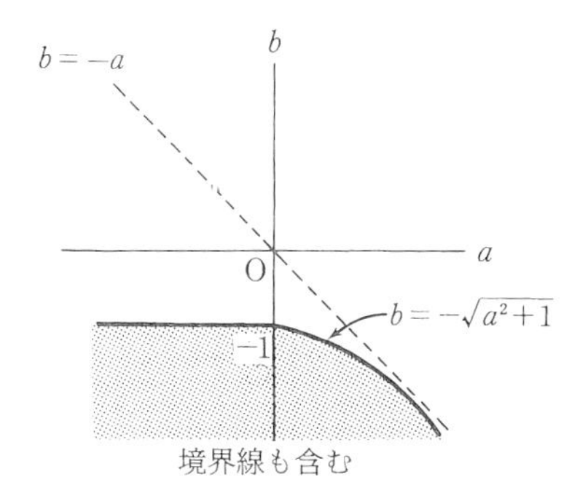

境界線も含む

注　点と直線との距離の公式を用いてもよい．

点 $(x_1,\ y_1)$ から直線

$$px+qy+r=0$$

に下した垂線の長さは

$$\frac{|px_1+qy_1+r|}{\sqrt{p^2+q^2}}$$

である．

$a>0$，$b\leqq -1$ のとき原点から直線

$$ax-y+b=0$$

に下した垂直の長さは

$$\frac{|b|}{\sqrt{a^2+1}}=\frac{-b}{\sqrt{a^2+1}}$$

よって

$$\frac{-b}{\sqrt{a^2+1}}\geqq 1$$

$$\therefore\quad b\leqq -\sqrt{a^2+1}$$

$\therefore \quad b \leqq -\sqrt{a^2+1}$

以上をまとめて

$$\begin{cases} a \leqq 0, & b \leqq -1 \\ a > 0, & b \leqq -\sqrt{a^2+1} \end{cases}$$

問題30

放物線 $2ay=x^2-a^2$ $(a>0)$ の上側（y 軸上の点を除く）の点Pから x 軸におろした垂線の足をQ，QとA$(0,\ a)$ とを通る直線が，原点OとPを通る直線と交わる点をRとする．点Rの存在範囲を求めよ．

解

Pの座標を $(\alpha,\ \beta)$ とするとPは放物線 $2ay=x^2-a^2$ の上側にあるから

$$2a\beta > \alpha^2 - a^2 \quad ①$$

OP，AQ の方程式は

$$\begin{cases} \beta x - \alpha y = 0 & ② \\ ax + \alpha y = a\alpha & ③ \end{cases}$$

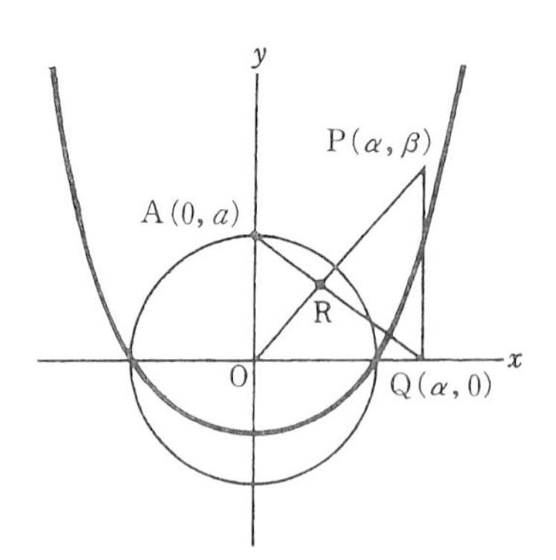

この欄を読めば
得するよ！

②，③を連立させたときの解 (x, y) がRの座標である。

③から

$$\alpha=\frac{ax}{a-y} \quad (y \fallingdotseq a) \qquad ④$$

②に代入して $\beta=\dfrac{ay}{a-y}$

α，β を①に代入して

$$2a\frac{ay}{a-y}>\left(\frac{ax}{a-y}\right)^2-a^2$$

$(a-y)^2$ を両辺にかけて

$$2a^2y(a-y)>a^2x^2-a^2(a-y)^2$$

$$\therefore \quad x^2+y^2<a^2$$

$\alpha \fallingdotseq 0$ と④から $x \fallingdotseq 0$

よってRの存在範囲は $x^2+y^2<a^2$，$x \fallingdotseq 0$

☞ **注** ③から

$$(a-y)\alpha=ax$$

もし，$y=a$ ならば $x=0$

これを②に代入すると

$$\alpha a=0$$

これは $a>0$，$\alpha \fallingdotseq 0$ に反する。

よって $y \fallingdotseq a$

問題31

t がすべての実数値をとって変わるとき，直線

$$(1-t^2)x+2ty=a(1+t^2) \qquad (a>0)$$

のけっして通過できない範囲を求めよ。

通過できない点を (x_1, y_1) とすると

$$(1-t^2)x_1+2ty_1=a(1+t^2)$$

をみたす実数 t は存在せず，この逆も真である。したがって，本問は t についての方程式とみて，実数解をもたないための条件を求めることに帰着する。

この欄を読めば得するよ！

解 1

t について整理すると

$(a+x)t^2-2yt+(a-x)=0$ ①

点 (x, y) を，この直線の通過できない点とすると，①は実数解 t をもたない．

$a+x=0$ のとき

$$-2yt+2a=0$$

これが実数解をもたないためには

$y=0$

$\therefore\ x=-a,\ y=0$

$a+x \neq 0$ のとき①が実数解 t をもたないための条件は

$y^2-(a+x)(a-x)<0$

$$x^2+y^2<a^2$$

よって $\begin{cases} x=-a,\ y=0 \\ x^2+y^2<a^2 \end{cases}$

☞ **注1** 直線 $ax+by+c=0$ に点 (x_1, y_1) からおろした垂線の長さは

$$\frac{|ax_1+by_1+c|}{\sqrt{a^2+b^2}}$$

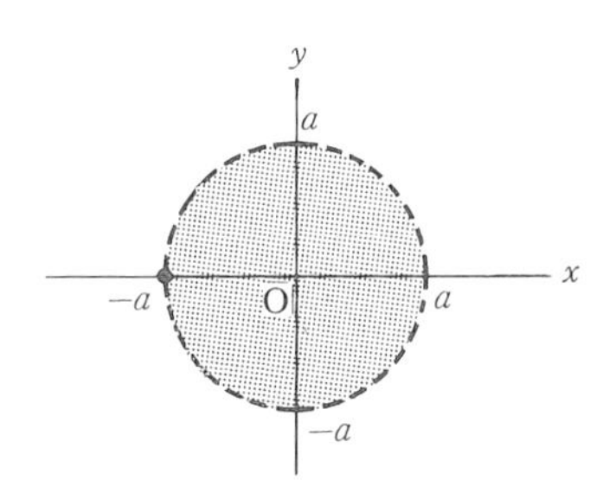

答 $\begin{cases} \text{円 } x^2+y^2=a^2 \text{ の内部，および点} \\ (-a,\ 0) \text{ を通過できない．} \end{cases}$

解 2

移項して

$$(1-t^2)x+2ty-a(1+t^2)=0 \quad ①$$

原点から，この直線までの距離を h とすると

$$h=\frac{|-a(1+t^2)|}{\sqrt{(1-t^2)^2+(2t)^2}}=\frac{|-a(1+t^2)|}{1+t^2}=a$$

よって，直線①は原点を中心とする半径 a の円の内部を通過できない．

☞ **注2** 解2は上の公式を使ったものであるが，この方法によると，点 $(-a,\ 0)$ を見落とす．やはり，この種の問題では，通過する範囲
…実数解をもつ条件
通過しない範囲
…実数解をもたない条件
によるのが無難である．

問題32

2つの不等式

$$y>a|x-1|,\quad y>b|x|+1$$

を同時にみたす点 $(x,\ y)$ の存在する領域を D とする．D が凸領域であるように a，b を定め，点 $(a,\ b)$ の存在する領域を ab-平面上に図示せよ．

ただし，領域 D が凸領域であるというのは，D 内の任意の2点をP，Qとしたとき，線分PQ上のすべての点が D に属することである．

凸領域かどうかは，図によって判断したのでよい．凸多角形の内部と周は凸領域である．開いていても，右のような図は凸領域である．本問に現れる凸領域は開いた場合である．

この欄を読めば得するよ！

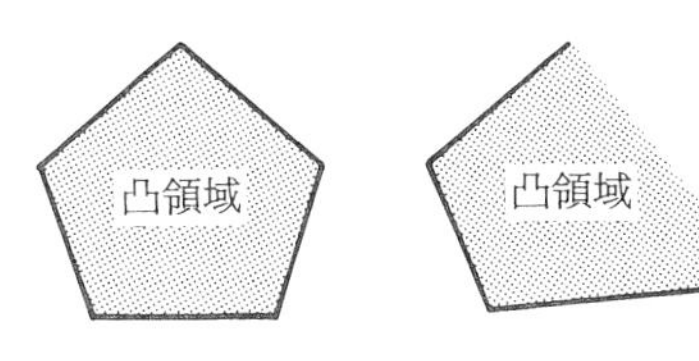

凸領域 D_1 と凸領域 D_2 の共通部分 $D_1 \cap D_2$ も凸領域になる．なぜかというに

　P，Q$\in D_1 \cap D_2$ ならば

　　P，Q$\in D_1$，P，Q$\in D_2$

よって線分 PQ 上の任意の点を X とすると

　$X \in D_1$，$X \in D_2$　　∴　$X \in D_1 \cap D_2$

となるからである．

解

(i)　$b \geqq 0$ のとき

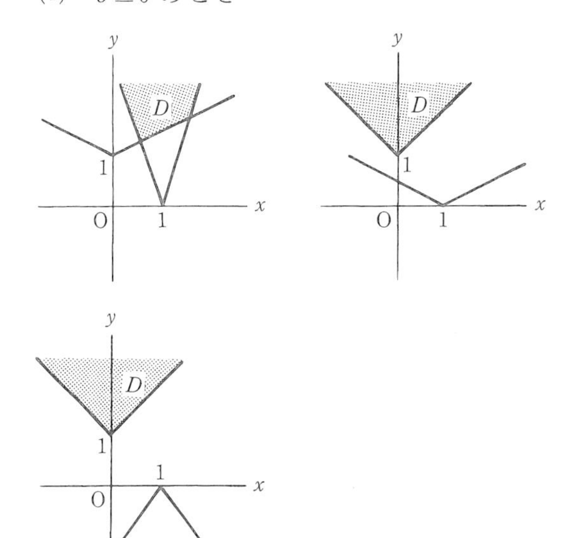

　a がどのように変わっても，D は凸領域である．

(ii)　$b<0$ のとき

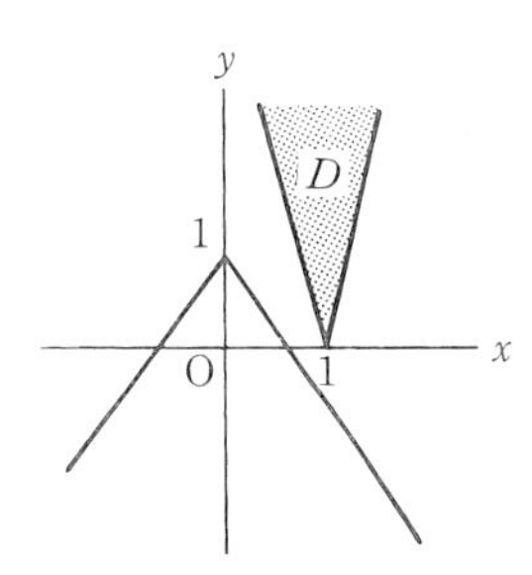

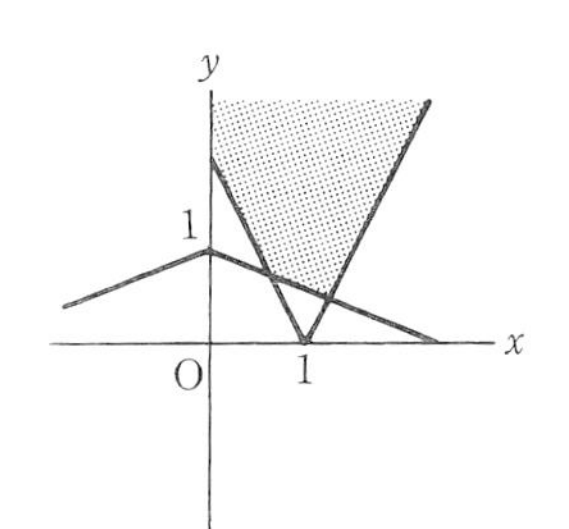

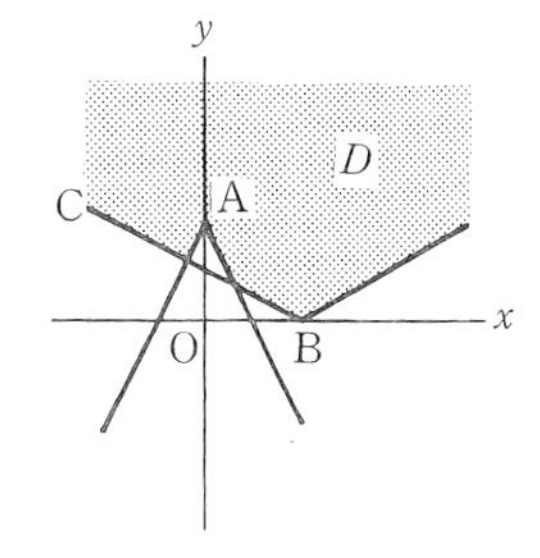

点 A(0, 1) が直線 BC　$y=-ax+a$ の上側に入らないことが必要で十分だから

$$1 \leqq -a \times 0 + a \qquad \therefore \quad 1 \leqq a$$

以上をまとめて

$$\begin{cases} b \geqq 0 \\ b < 0, \ a \geqq 1 \end{cases}$$

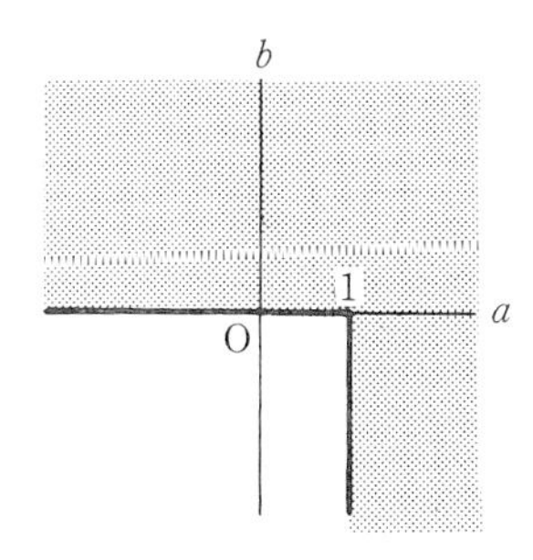

§5. 数列と漸化式

問題33

次の数列の一般項 $f(n)$ を，1の立方根を用いて表せ。

$$0,\ 1,\ 2,\ 0,\ 1,\ 2,\ 0,\ 1,\ 2,\cdots\cdots$$

この欄を読めば得するよ！

$f(n)$ は3を周期とする周期関数である。この事実は式で書くと

$f(3m+k)=f(k)$　　（m は任意の整数）

1の立方根を α とすると $\alpha^3=1$ であるから $\alpha^{3m+k}=(\alpha^3)^m\alpha^k=\alpha^k$

したがって $F(n)=\alpha^n$ は周期が3の関数である。

$\omega=\dfrac{-1+\sqrt{3}i}{2}$ とおくと $\alpha=1,\ \omega,\ \omega^2$ であり，ω^n，ω^{2n} はすべて周期3の関数である。さらに

$f(n)=a\cdot1^n+b\omega^n+c\omega^{2n}=a+b\omega^n+c\omega^{2n}$

も周期3の関数である。$f(1)=0$，$f(2)=1$，$f(3)=2$ を用いて，a，b，c を決定すればよい。

解1

1の虚数の立方根を $\omega=\dfrac{-1+\sqrt{3}i}{2}$ とし

$$f(n)=a+b\omega^n+c\omega^{2n}$$

と仮定してみる。n を3で割ったときの商を m，余りを r とすると

$$f(n)=f(3m+r)=f(r)$$

3月ごとに頭が変だ．オメガーを飲め．

となるから，$f(n)$ は3を周期とする関数である。よって，$n=1,\ 2,\ 3$ のとき，$f(n)$ が与えられた数列と一致すれば，その他の n の値に対しても，一致する。

$f(1)=0$ から　$a+b\omega+c\omega^2=0$　①

$f(2)=1$ から　$a+b\omega^2+c\omega=1$　②

$f(3)=2$ から　$a+b+c=2$　③

①+②+③　$3a=3$　　$\therefore\ a=1$

①×ω^2+②×ω+③　$3b=\omega+2$

$$\therefore\ b=\frac{\omega+2}{3}$$

①×ω+②×ω^2+③　$3c=\omega^2+2$

$$\therefore\ c=\frac{\omega^2+2}{3}$$

$$\therefore\ f(n)=1+\frac{\omega+2}{3}\omega^n+\frac{\omega^2+2}{3}\omega^{2n}$$

解2

$f(n)=a(\omega^n-\omega)(\omega^n-\omega^2)+b(\omega^n-\omega^2)(\omega^n-1)+c(\omega^n-1)(\omega^n-\omega)$ とおいて，n に1，2，3を代入する。

$$f(1)=b(\omega-\omega^2)(\omega-1)=0$$

$$\therefore\ b=0$$

$$f(2)=c(\omega^2-1)(\omega^2-\omega)=1$$

$$\therefore\ c=\frac{1}{(\omega^2-1)(\omega^2-\omega)}$$

$$f(3)=a(1-\omega)(1-\omega^2)=2$$

$$\therefore\ a=\frac{2}{(1-\omega)(1-\omega^2)}$$

☞ **注1** 解2の答は，簡単にしようと思えばできるが，このままの方が，$f(n)$ の値の計算には都合がよい。

解2の最初の式のおき方は**ラグランジュの方式**である。$x=x_1,\ x_2,\ x_3$ のとき $y=y_1,\ y_2,\ y_3$ となる2次関数を求めるとき

$$y=ax^2+bx+c$$

とおいて，$a,\ b,\ c$ を決定するのが常識であるが，

$$y=a(x-x_1)(x-x_2)+b(x-x_1)(x-x_3)+c(x-x_2)(x-x_3)$$

とおいて，$a,\ b,\ c$ を決定すれば，計算は一段と楽である。

☞ **注2** 周期が4の数列，たとえば

1，3，0，2，1，3，0，2，1，3，0，2，……

の一般項 $f(n)$ を求めたいときは，1の4乗根1，i，i^2，i^3 を用いればよい。

$$\therefore\quad f(n)=\frac{(\omega^n-1)(\omega^n-\omega)}{(\omega^2-1)(\omega^2-\omega)}+\frac{2(\omega^n-\omega)(\omega^n-\omega^2)}{(1-\omega)(1-\omega^2)}$$

問題34

次の数列の第 n 項 $f(n)$ を，n の式で表せ，

(1) 1，1，3，3，5，5，7，7，……

(2) 1，1，1，4，4，4，7，7，7，……

$f(n)-n$ を求めると，いずれも周期関数になる。

この欄を読めば得するよ！

(1) 1，1，3，3，5，5，7，7，……

第 n 項から n をひけば

0，−1，0，−1，0，−1，0，−1，……

この数列の一般項を $g(n)=a+b(-1)^n$ とおくと

$$a-b=0,\quad a+b=-1$$

$$\therefore\quad a=b=-\frac{1}{2}$$

$$\therefore\quad g(n)=-\frac{1+(-1)^n}{2}$$

よって　$f(n)=n-\dfrac{1+(-1)^n}{2}$

(2) 1，1，1，4，4，4，7，7，7，……

第 n 項から n をひけば

0，−1，−2，0，−1，−2，0，−1，−2，……

この一般項を $g(n)=a+b\omega^n+c\omega^{2n}$ とおくと

$n=1$ とおいて　$a+b\omega+c\omega^2=0$

$n=2$ とおいて　$a+b\omega^2+c\omega=-1$

$n=3$ とおいて　$a+b+c=-2$

これを a, b, c について解いて

$$a=-1,\ b=-\frac{\omega+2}{3},\ c=-\frac{\omega^2+2}{3}$$

$$\therefore\quad g(n)=-1-\left(\frac{\omega+2}{3}\right)\omega^n-\left(\frac{\omega^2+2}{3}\right)\omega^{2n}$$

$$\therefore\quad f(n)=n-1-\left(\frac{\omega+2}{3}\right)\omega^n-\left(\frac{\omega^2+2}{3}\right)\omega^{2n}$$

問題35

自然数 x, y の関数 $F(x,\ y)=x+\sum_{k=0}^{n-1}k$ $(n=x+y-1)$ において，次の問に答えよ．

(1) $n=1$, 2, 3, 4, 5 に対応する $F(x,\ y)$ の値をそれぞれ求めて，次の表に書き入れよ．

n	1	2	3	4	5
$F(x,\ y)$					

(2) 上の表を利用して，$F(x,\ y)=5$, 12 のときの x, y の値を求めよ．

また，$F(x,\ y)=50$ のときの x，y の値を式から求めよ。
(3)　$F(x,\ y)=F(x',\ y')$ ならば x，y，x'，y' の間にどんな関係があるか。

(1)　n が与えられれば $x+y-1=n$ をみたす自然数 x は n 個求められ，したがって $F(x,\ y)$ の値は n 個えられる。

(2)，(3)は，(1)の逆対応で，$F(x,\ y)$ の値に対応する n の値がただ1つ，したがって $(x,\ y)$ は1組だけ定まることに気付くことが解決のカギである。

$$F(x,\ y)=x+\frac{n(n-1)}{2},\quad x+y=n+1,$$

x，y は自然数。

(1)　$n=1$ のとき $F(x,\ y)=x+0$, $x+y=2$

$\therefore$　$x=1$　$F(x,\ y)=1$

$n=2$ のとき $F(x,\ y)=x+1$, $x+y=3$

$\therefore$　$x=1,\ 2$　$F(x,\ y)=2,\ 3$

$n=3$ のとき $F(x,\ y)=x+3$, $x+y=4$

$\therefore$　$x=1, 2, 3$　$F(x,\ y)=4, 5, 6$

同様にして

$n=4$のとき

$F(x,\ y)=7,\ 8,\ 9,\ 10$

$n=5$ のとき

$F(x,\ y)=11,\ 12,\ 13,\ 14,\ 15$

n	1	2	3	4	5
$F(x,y)$	1	2,3	4,5,6	7,8,9,10	11,12,13,14,15

(2)　$F(x,\ y)=5$ のとき $n=3$

よって $(x,\ y)=(2,\ 2)$

$F(x,\ y)=12$ のとき $n=5$

よって $(x,\ y)=(2,\ 4)$

$F(x,\ y)=50$ のとき $50=x+\dfrac{n(n-1)}{2}$,

$x+y=n+1$ から

$x=1,\ 2,\cdots\cdots,\ n$ したがって

$$1+\frac{n(n-1)}{2}\leqq 50\leqq n+\frac{n(n-1)}{2}$$

$$n^2-n+2\leqq 100\leqq n^2+n$$

$n^2-n-98\leqq 0$ から

$$n\leqq\frac{\sqrt{393}+1}{2}=10.4\cdots$$

$n^2+n-100\geqq 0$ から

$$n\geqq\frac{\sqrt{401}-1}{2}=9.5\cdots$$

$\therefore\quad n=10$

このとき $x+y=11,\ 50=x+\dfrac{10\cdot 9}{2}$

よって $(x,\ y)=(5,\ 6)$

(3)　一般に，$F(x,\ y)$ の値 k が与えられると，それに対応して，n の値が1つだけ定まることをあきらかにする．

細胞分割は，集合をハサミで切ることだ．

☞ 注 k を与えられたとき①をみたす自然数 n が1つであることは，区間 $\left[1+\dfrac{n(n-1)}{2},\ \dfrac{n(n+1)}{2}\right]$ は $n=1,\ 2,\cdots\cdots$ とすると，自然数の全域を類別（細胞分割）することからも導かれる．

1	2 3	4 5 6
$n=1$	$n=2$	$n=3$

$$1+\frac{n(n-1)}{2} \leqq k \leqq n+\frac{n(n-1)}{2} \quad ①$$

$$n^2-n+2 \leqq 2k \leqq n^2+n$$

これを n について解いて

$$\frac{\sqrt{8k+1}-1}{2} \leqq n \leqq \frac{\sqrt{8k-7}+1}{2} \quad ②$$

$$\frac{\sqrt{8k-7}+1}{2}-\frac{\sqrt{8k+1}-1}{2}$$

$$=1-\frac{\sqrt{8k+1}-\sqrt{8k-7}}{2}<1$$

よって②をみたす n の値は1つしかない．k に対応して n が1つ定まれば，

$k=x+\dfrac{n(n-1)}{2}$ から x が1つ定まり，

$x+y=n+1$ から y が1つ定まる．よって

$F(x,\ y)=F(x',\ y')$ のとき

$$x=x',\ y=y'$$

7 8 9 10 11 12 13 14 15 …

$n=4$ (7〜10)　$n=5$ (11〜15)

一般に左側

$1+\dfrac{n(n-1)}{2}$ は n に $n+1$ を代入すると

$1+\dfrac{n(n+1)}{2}$ となって，

右側 $\dfrac{n(n+1)}{2}$ より1だけ大きくなる．したがって自然数 k は，これらの区間のどれかに属し，その区間には n の値が1つ対応するから，k には n が1つ対応する．

問題36

$S_n=x^n+y^n+z^n$，$x+y+z=u$，$yz+zx+xy=v$，$xyz=w$ とおくと，S_n は u，v，w の整式で表されることを，数学的帰納法によって証明せよ．ただし $n=0,\ 1,\ 2,\cdots\cdots$とする．

x，y，z の対称式のうち，u，v，w を基本対称式という．基本対称式は，x，y，z についてそれぞれ1次式である．

x，y，z を解とする3次方程式

この欄を読めば得するよ！

$(t-x)(t-y)(t-z)=0$ すなわち

$$t^3-ut^2+vt-w=0$$

を用いるのが，本問解決のカギである．

x，y，z を解とする3次方程式は

$$(t-x)(t-y)(t-z)=0$$

$$t^3-(x+y+z)t^2+(yz+zx+xy)t-xyz=0$$

$$t^3-ut^2+vt-w=0$$

である．t に x を代入して $x^3-ux^2+vx-w=0$，この両辺に x^{n-2} をかけて

$$x^{n+1}-ux^n+vx^{n-1}-wx^{n-2}=0$$

同様にして $y^{n+1}-uy^n+vy^{n-1}-wy^{n-2}=0$

$$z^{n+1}-uz^n+vz^{n-1}-wz^{n-2}=0$$

これらの3式を加えて移項すると

$$S_{n+1}=uS_n-vS_{n-1}+wS_{n-2} \quad ①$$

$(n=2,\ 3,\ 4,\cdots\cdots)$

$n=0$ のとき $S_0=3$

$n=1$ のとき $S_1=u$

$n=2$ のとき $S_2=u^2-2v$

次に n，$n-1$，$n-2$ のとき S_n，S_{n-1}，S_{n-2} が u，v，w の整式で表されると仮定すると，①によって S_{n+1} も u，v，w の整式で表される．

よって，S_n $(n=0,\ 1,\ 2,\cdots\cdots)$ は u，v，w の整式で表される．

3文字の対称式は3次方程式の解で．

☞ **注1** 数学的帰納法は，ふつう $n=1$（0や2のこともある）のとき成り立つことと，n のとき成り立つと仮定すると $n+1$ のときも成り立つことを証明のもとにとる．

本問で用いた数学的帰納法は，これと異なり，次の2つの証明がもとになっている．

(i) $n=0$，1，2のとき成り立つ．

(ii) n，$n-1$，$n-2$ のとき成り立つとすると，$n+1$ のときも成り立つ．

☞ **注2** 練習として，次の類題を証明してみることをすすめよう．

$S_n=x^n+y^n$ $(n=0,\ 1,\ 2,\cdots\cdots)$，$x+y=u$，$xy=v$ とおくとき，S_n は u，v の整式で表されることを，数学的帰納法によって証明せよ．

☞ **注3** 本文にはことわってないが $x^0=y^0=z^0=1$ である．

問題37

$\tan\theta=x$ とおくと $\tan n\theta$ （$n=1,\ 2,\ 3,\cdots\cdots$）は x の有理式で表されることを証明せよ．

$\tan(\alpha+\beta)=\dfrac{\tan\alpha+\tan\beta}{1-\tan\alpha\tan\beta}$ を用いる．数学的帰納法による．

解

$n=1$ のとき $\tan\theta=x$ だから，成り立つ．

$\tan n\theta$ が x の有理式で表されたとし，それを $T(x)$ とおくと

$$\tan(n+1)\theta=\frac{\tan n\theta+\tan\theta}{1-\tan\theta n\theta\tan\theta}$$

$$=\frac{T(x)+x}{1-T(x)\cdot x}$$

も x の有理式になる．

よって，全ての自然数 n に対して $\tan n\theta$ は x の有理式で表される．

この欄を読めば得するよ！

問題38

$C_n=\cos n\theta$，$S_n=\sin n\theta$，$x=\cos\theta$ とおくとき，次のことを証明せよ．ただし n は自然数とする．

(1)　$C_{n+1}=2xC_n-C_{n-1}$

　　$S_{n+1}=2xS_n-S_{n-1}$

(2)　C_n，$\dfrac{S_{n+1}}{\sin\theta}$ は，ともに x についての n 次式で表される．

(1)　$C_{n+1}+C_{n-1}$，$S_{n+1}+S_{n-1}$ を積の形にかえてみよ．

(2)　数学的帰納法による．

解

(1)　$C_{n+1}+C_{n-1}=\cos(n+1)\theta+\cos(n-1)\theta$

$=2\cos n\theta\cos\theta=2xC_n$

$\therefore\quad C_{n+1}=2xC_n-C_{n-1}$

$S_{n+1}+S_{n-1}=\sin(n+1)\theta+\sin(n-1)\theta$

$=2\sin n\theta\cos\theta=2xS_n$

$\therefore\quad S_{n+1}=2xS_n-S_{n-1}$

(2)　(i)　C_n は x の n 次式で表されることの証明

$C_1=\cos\theta=x$

$C_2=\cos2\theta=2\cos^2\theta-1=2x^2-1$

C_n は x の n 次式，C_{n-1} は x の $(n-1)$ 次式であると仮定すると

$C_{n+1}=2xC_n-C_{n-1}=2x\times(n$ 次式$)$

$-(n-1)$ 次式

$=(n+1)$ 次式

となる．よって証明された．

(ii)　$\dfrac{S_{n+1}}{\sin\theta}$ は x の n 次式で表されることの証明

$$\frac{S_1}{\sin\theta}=\frac{\sin\theta}{\sin\theta}=1$$

$$\frac{S_2}{\sin\theta}=\frac{\sin2\theta}{\sin\theta}=\frac{2\sin\theta\cos\theta}{\sin\theta}=2x$$

この欄を読めば得するよ！

☞ **注** (1) は複素数 $\alpha=\cos\theta-i\sin\theta$ を用いて，2つの等式を一気に導くこともできる．

C_n+iS_n

$=\cos n\theta+i\sin n\theta$

$=(\cos\theta+i\sin\theta)^n=\alpha^n$

$(C_{n+1}+iS_{n+1})+(C_{n-1}+iS_{n-1})$

$=\alpha^{n+1}+\alpha^{n-1}=\left(\alpha+\dfrac{1}{\alpha}\right)\alpha^n$

$=2\left(\dfrac{\alpha+\bar{\alpha}}{2}\right)\alpha^n=2\cos\theta\alpha^n$

$=2x(C_n+iS_n)$

ここで，実部と虚部を分離すると

$C_{n+1}+C_{n-1}=2xC_n$,

$S_{n+1}+S_{n-1}=2xS_n$

複素数で処理すると sin, cos が一気に出る．

$\dfrac{S_{n+1}}{\sin\theta}$ は x の n 次式，$\dfrac{S_n}{\sin\theta}=x$ も（$n-1$）次式であると仮定すると，

$S_{n+2}=2xS_{n+1}-S_n$ から

$$\frac{S_{n+2}}{\sin\theta}=2x\frac{S_{n+1}}{\sin\theta}-\frac{S_n}{\sin\theta}$$

$=2x\times n$ 次式$-\{(n-1)$次式$\}$

$=(n+1)$ 次式となる。よって証明された。

問題39

$x^2-ax+b=0$ の 2 つの解を α，β とすると

$$S_n=\alpha^n+\alpha^{n-1}\beta+\alpha^{n-2}\beta^2+\cdots\cdots+\alpha\beta^{n-1}+\beta^n$$

は，a，b の整式で表されることを証明せよ。

この欄を読めば得するよ！

漸化式を導き，数学的帰納法によって証明する。漸化式を導くには，α，β は $x^2-ax+b=0$ の解であることを用いる。ただし

$\alpha\fallingdotseq\beta$ のとき $S_n=\dfrac{\alpha^{n+1}-\beta^{n+1}}{\alpha-\beta}$

$\alpha=\beta$ のとき $S_n=(n+1)\alpha^n$

と，2 つの場合に分けて考える。

解

$\alpha\fallingdotseq\beta$ のとき

$$S_n=\frac{\alpha^{n+1}-\beta^{n+1}}{\alpha-\beta}$$

α，β は方程式 $x^2-ax+b=0$ の解であ

零で割ることはできない
→場合分け．

るから

$$\alpha^2-a\alpha+b=0 \quad ①$$

$$\beta^2-a\beta+b=0 \quad ②$$

①$\times\alpha^n-$②$\times\beta^n$ を作ると

$$(\alpha^{n+2}-\beta^{n+2})-a(\alpha^{n+1}-\beta^{n+1})+b(\alpha^n-\beta^n)=0$$

両辺を $\alpha-\beta$ で割ると

$$S_{n+1}-aS_n+bS_{n-1}=0$$

$$\therefore\quad S_{n+1}=aS_n-bS_{n-1} \quad ③$$

$\alpha=\beta$ のときは $S_n=(n+1)\alpha^n$，$a=2\alpha$，$b=\alpha^2$

$$\therefore\quad aS_n-bS_{n-1}=2\alpha(n+1)\alpha^n-\alpha^2\cdot n\alpha^{n-1}=(n+2)\alpha^{n+1}=S_{n+1}$$

よって③はつねに成り立つ．

$n=1$ のとき $S_1=\alpha+\beta=a$

$n=2$ のとき $S_2=\alpha^2+\alpha\beta+\beta^2=a^2-b$

$n=k$，$k-1$ のとき S_k，S_{k-1} が a，b の整式で表されると仮定すると，③によって S_{k+1} もまた a，b の整式で表される．

したがって，$n=1$，2，3，……のとき，S_n は a，b の整式で表される．

☞ **注** 漸化式③を直接導いてみる．$S_n(\alpha+\beta)$ を計算すると

$$\begin{array}{l} \alpha^n+\alpha^{n-1}\beta+\cdots \\ \quad\cdots+\alpha\beta^{n-1}+\beta^n \\ \times)\ \alpha+\beta \\ \hline \alpha^{n+1}+\alpha^n\beta+\cdots\cdots \\ \quad\cdots+\alpha^2\beta^{n-1}+\alpha\beta^n \\ \quad+\alpha^n\beta+\cdots \\ \quad\cdots+\alpha^2\beta^{n-1}+\alpha\beta^n+\beta^{n+1} \end{array}$$

$$\begin{aligned} S_n(\alpha+\beta)&=(\alpha^{n+1}+\alpha^n\beta+\cdots\cdots+\alpha\beta^n+\beta^{n+1}) \\ &\quad+\alpha\beta(\alpha^{n-1}+\cdots\cdots+\alpha\beta^{n-2}+\beta^{n-1}) \\ &=S_{n+1}+\alpha\beta S_{n-1} \end{aligned}$$

問題40

次の式によって与えられた数列 $\{x_n\}$ がある．

$$x_1=1,\quad x_n=\frac{1}{2}\left(x_{n-1}+\frac{3}{x_{n-1}}\right)\quad (n=2,\ 3,\ \cdots\cdots)$$

これについて，次の問に答えよ。

(1) $x_n>\sqrt{3}$ （$n=2,\ 3,\cdots\cdots$） を証明せよ。

(2) $|x_n-\sqrt{3}|<\dfrac{1}{2}|x_{n-1}-\sqrt{3}|$ を証明せよ。

(3) $\{x_n\}$ は収束するか，発散するか。収束するときは，極限値を求めよ。

収束したとして，極限値を予想しておくと，見透しがよくなる。

$x\to\alpha$ とすると $x_{n+1}\to\alpha$ だから

$$\alpha=\frac{1}{2}\left(\alpha+\frac{3}{\alpha}\right),$$

$$\alpha=\pm\sqrt{3},$$

$\sqrt{3}$ の平方根を求めるための漸化式とみられる。

見透しを一層鮮明にしたかったらグラフを書いてみよ。

$$\begin{cases} y=x \\ y=\dfrac{1}{2}\left(x+\dfrac{3}{x}\right) \end{cases}$$

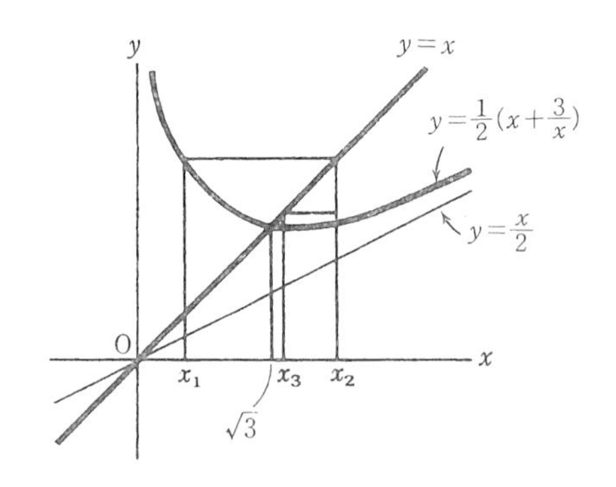

この欄を読めば得するよ！

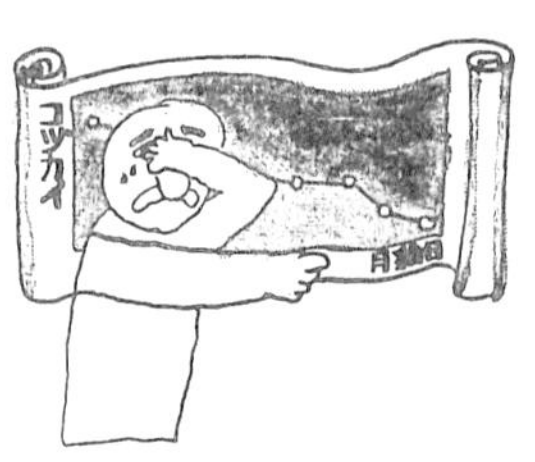

かなしい収束状況，グラフで鮮明.

図からわかるように，x_1 は $\sqrt{3}$ より小さいが，x_2，x_3，……は $\sqrt{3}$ より大きく，急速に $\sqrt{3}$ に近づく．

解

(1) $x_n-\sqrt{3}=\dfrac{1}{2}\left(x_{n-1}+\dfrac{3}{x_{n-1}}\right)-\sqrt{3}$

$$=\frac{(x_{n-1}-\sqrt{3})^2}{2x_{n-1}} \qquad ①$$

数学的帰納法による．

$$x_2-\sqrt{3}=\frac{(x_1-\sqrt{3})^2}{2x_1}=\frac{(1-\sqrt{3})^2}{2}>0$$

$\therefore\ \ x_2>\sqrt{3}$

$x_{n-1}>\sqrt{3}$ と仮定すると①から $x_n>\sqrt{3}$

$\therefore\ \ x_n>\sqrt{3}\ \ (n=2,\ 3,\cdots\cdots)$

(2) ①を書きかえて

$$|x_n-\sqrt{3}|=\frac{1}{2}\left|1-\frac{\sqrt{3}}{x_{n-1}}\right||x_{n-1}-\sqrt{3}|$$

$n\geqq 3$ のとき

$x_{n-1}>\sqrt{3}$ であるから $\dfrac{1}{2}\left|1-\dfrac{\sqrt{3}}{x_{n-1}}\right|<\dfrac{1}{2}$

$$\therefore\ \ |x_n-\sqrt{3}|<\frac{1}{2}|x_{n-1}-\sqrt{3}|$$

(3) 上の不等式から

$$|x_n-\sqrt{3}|<\left(\frac{1}{2}\right)^{n-1}|x_1-\sqrt{3}|$$

$$=\left(\frac{1}{2}\right)^{n-1}(\sqrt{3}-1)$$

$n\to\infty$ のとき $\left(\dfrac{1}{2}\right)^{n-1}\to 0$

☞ **注** 本問の漸化式は，一般項の求められる場合に属している．

①と同様にして

$$x_n+\sqrt{3}=\frac{(x_{n-1}+\sqrt{3})^2}{2x_{n-1}}$$

これと①とから

$$\frac{x_n-\sqrt{3}}{x_n+\sqrt{3}}=\left(\frac{x_{n-1}-\sqrt{3}}{x_{n-1}+\sqrt{3}}\right)^2$$

これを繰り返し用いることによって

$$\frac{x_n-\sqrt{3}}{x_n+\sqrt{3}}=\left(\frac{1-\sqrt{3}}{1+\sqrt{3}}\right)^{2^{n-1}}$$

$=(-2+\sqrt{3})^{2^{n-1}}$

x_n について解けば，x_n は n の式で表される．

$$\therefore \quad |x_n-\sqrt{3}|\to 0$$

$$\therefore \quad x_n\to\sqrt{3}$$

問題41

$$x_1=1,\quad x_{n+1}=\frac{3+6x_n-x_n{}^2}{4}\quad (n=1,\ 2,\ 3,\cdots\cdots)$$

によって与えられる数列 $\{x_n\}$ において，次の問に答えよ．

(1) $y=x$ と $y=\dfrac{3+6x-x^2}{4}$ のグラフをかいて，数列 $\{x_n\}$ はどんな値に収束するかを予想せよ．

(2) その予想した値を α とするとき

$$x_{n+1}-\alpha=k(x_n-\alpha)^2$$

を満たす，定数 k を求めよ．

(3) 一般項 x_n を n の式で表せ．

(4) $\{x_n\}$ は α に収束することを証明せよ．

グラフを用い，$x_1=1$ をもとにして，x_2，x_3，……を順に求めるには，図のように作図すればよい．$x_n\to\alpha$ とすると $x_{n+1}\to\alpha$ となる

この欄を読めば得するよ！

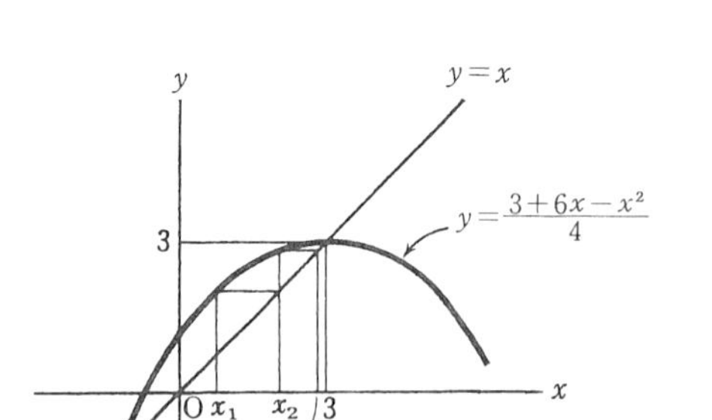

から，α は

$$\alpha=\frac{3+6\alpha-\alpha^2}{4}$$

の解である。これを解いて

$$\alpha=3,\ -1$$

解

(1)　3 に収束することが予想される。

(2)

$$x_{n+1}-3=\frac{3+6x_n-x_n{}^2}{4}-3$$

$$=-\frac{x_n{}^2-6x_n+9}{4}$$

$$\therefore\quad x_{n+1}-3=-\frac{1}{4}(x_n-3)^2$$

$$\therefore\quad k=-\frac{1}{4}$$

(3)

$$x_n-3=-\frac{1}{4}(x_{n-1}-3)^2$$

$$x_{n-1}-3=-\frac{1}{4}(x_{n-2}-3)^2$$

$$\therefore\quad x_n-3=\left(-\frac{1}{4}\right)^{1+2}(x_{n-2}-3)^{2^2}$$

以下同様にして

$$x_n-3=\left(-\frac{1}{4}\right)^{1+2+2^2}(x_{n-3}-3)^{2^3}$$

$$\cdots\cdots\cdots\cdots\cdots\cdots\cdots\cdots$$

$$x_n-3=\left(-\frac{1}{4}\right)^{1+2+\cdots+2^{n-2}}(x_1-3)^{2^{n-1}}$$

$$=-\left(\frac{1}{4}\right)^{2^{n-1}-1}\times 2^{2^{n-1}}$$

$$\therefore \quad x_n = 3 - \left(\frac{1}{4}\right)^{2^{n-1}-1} \times 2^{2^{n-1}}$$

$$= 3 - 4\left(\frac{1}{2}\right)^{2^{n-1}}$$

(4) $n \to \infty$のときは $x_n \to 3$

問題42

nが2以上の自然数であるとき，関数 $y = x^n$ $(x>0)$ のグラフを g_1，関数 $y = \frac{1}{x^n}$ $(x>0)$ のグラフを g_2 とする．

(1) g_1，g_2 の概形をかけ．

(2) 直線 $x=a$ $(a>1)$ が，g_1，g_2 と交わる点をA，BとしB，Aから x 軸に平行にひいた直線が，g_1，g_2 と再び交わる点をそれぞれC，Dとすれば，四角形ABCDはどんな四角形か．

(3) $\overline{\mathrm{AB}} > n\overline{\mathrm{BC}}$ であることを証明せよ．

この欄を読めば得するよ！

(3)は式でかくと $a^n - \frac{1}{a^n} > n\left(a - \frac{1}{a}\right)$ の証明になる．不等式の証明は，微分法によるか，不等式の定理を使うか．数学的帰納法によるか，その他いろいろのくふうをしてみること．

(2) A，Dの y 座標は a^n で，これは $\frac{1}{x^n}$

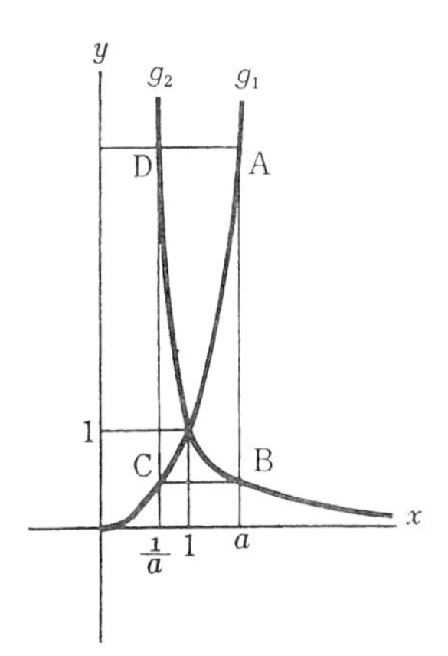

に $x=\dfrac{1}{a}$ を代入した値であるからDの x 座標は $\dfrac{1}{a}$ である。

B，Cの y 座標は $\dfrac{1}{a^n}$ で，これは x^n に $x=\dfrac{1}{a}$ を代入した値であるから，Cの x 座標は $\dfrac{1}{a}$ である。

よって，四角形ABCDは長方形である。

(3) $\overline{\mathrm{AB}}>n\overline{\mathrm{BC}}$ は a を用いて表すと

$$a^n-\frac{1}{a^n}>n\left(a-\frac{1}{a}\right) \quad ①$$

これを証明すればよい。

$n=2$ のとき

$$a^2-\frac{1}{a^2}=\left(a-\frac{1}{a}\right)\left(a+\frac{1}{a}\right)>2\left(a-\frac{1}{a}\right)$$

$n=3$ のとき

☞ **注1** (3)の証明で $x+\dfrac{1}{x}\geqq 2$ $(x>0)$ を度々用いた。この不等式は重要であるから，記憶しておくこと。

$$x+\frac{1}{x}=\left(\sqrt{x}-\frac{1}{\sqrt{x}}\right)^2+2 \geqq 2$$

等号の成り立つのは $x=1$ のとき。

☞ **注2** 微分法によるときは，関数

$$f(x)=x^n-\frac{1}{x^n}-n\left(x-\frac{1}{x}\right)$$

を考え，この変化をみる。

$$f'(x)=\frac{n(x^{n-1}-1)(x^{n+1}-1)}{x^{n+1}}\geqq 0$$

$f(x)$ は増加関数で，$f(1)=0$ だから $x>1$ のとき $f(x)>0$

$$a^3-\frac{1}{a^3}=\left(a-\frac{1}{a}\right)\left(a^2+\frac{1}{a^2}+1\right)$$
$$>3\left(a-\frac{1}{a}\right)$$

$n=k$, $k-1$ のとき①が成り立つと仮定すると

$$a^{k+1}-\frac{1}{a^{k+1}}$$
$$=\left(a^k+\frac{1}{a^k}\right)\left(a-\frac{1}{a}\right)+\left(a^{k-1}-\frac{1}{a^{k-1}}\right)$$
$$>\left(a^k+\frac{1}{a^k}\right)\left(a-\frac{1}{a}\right)+(k-1)\left(a-\frac{1}{a}\right)$$
$$=\left(a-\frac{1}{a}\right)\left(a^k+\frac{1}{a^k}+k-1\right)$$
$$>\left(a-\frac{1}{a}\right)(k+1)$$

よって $n=k+1$ のときも成り立つ．したがって，n が 2 以上の自然数のとき，①は成り立つ．

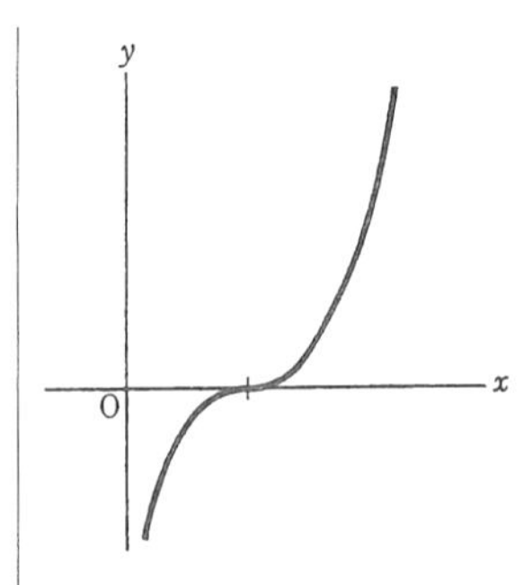

☞ **注 3** 相加平均≧相乗平均の利用をくふうしてみる．

$$\left(a^n-\frac{1}{a^n}\right)\Big/n\left(a-\frac{1}{a}\right)$$
$$=\frac{1}{n}\left(a^{n-1}+a^{n-3}+\cdots+\frac{1}{a^{n-3}}+\frac{1}{a^{n-1}}\right)$$
$$\geqq\sqrt{a^{n-1}\cdot a^{n-3}\cdot\cdots\cdot\frac{1}{a^{n-3}}\cdot\frac{1}{a^{n-1}}}$$
$$=1$$

$a>1$ のとき a^{n-1}, a^{n-3}, $\cdots$, $\frac{1}{a^{n-1}}$ は異なるから，等号は成り立たない．

§6. 三角関数

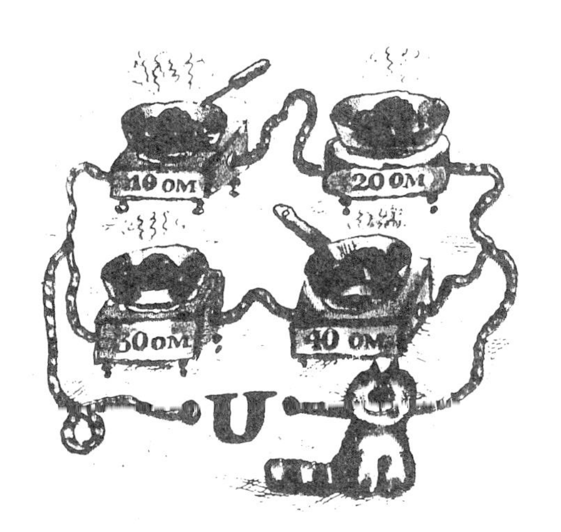

問題43

次の式の値を求めよ。

$$P=\cos\frac{2\pi}{5}+\cos\frac{4\pi}{5}$$

簡単なようで手応えがある。解き方をいろいろくふうできるところも興味深い。解決の第1の糸口は，ちんぷではあるが，$\frac{2\pi}{5}=\theta$ とおいて $5\theta=2\pi$ を利用するもの。$2\theta=2\pi-3\theta$ と変形すれば

$\cos2\theta=\cos3\theta$ または $\sin2\theta=-\sin3\theta$

となるから，2倍角，3倍角の公式が使える。第2の糸口は，θ は 2π の5分の1だから1の5乗根に関係があることに目をつけるものである。

$\alpha=\cos\theta+i\sin\theta$ とおくと

$$\bar{\alpha}=\cos\theta-i\sin\theta$$

$$\cos\theta=\frac{\alpha+\bar{\alpha}}{2}$$

これは，実数の問題を，複素数を媒介として解決する，やや高尚な解き方といえる。

第1の糸口以上にちんぷではあるが，幾何の得意な人には，正五角形によって，幾何学的に解く第3の糸口がある。くわしくは注2をみていただこう。

解3，解4のように意表をついた解き方も

この欄を読めば得するよ！

手をかえ，品をかえ一解き方の研究．

ある。

解1

$\frac{2\pi}{5}=\theta$ とおくと $5\theta=2\pi$，$2\theta=2\pi-3\theta$

$$\sin 2\theta=\sin(2\pi-3\theta)=-\sin 3\theta$$

$$2\sin\theta\cos\theta=-3\sin\theta+4\sin^3\theta$$

$\sin\theta\fallingdotseq 0$ であるから，両辺を $\sin\theta$ で割って

$$2\cos\theta=-3+4\sin^2\theta$$

$\sin^2\theta=1-\cos^2\theta$ を用いて

$$4\cos^2\theta+2\cos\theta-1=0 \quad ①$$

$\cos\theta>0$ だから，正の解をとって

$$\cos\theta=\frac{-1+\sqrt{5}}{4}$$

$$\therefore\quad \cos 2\theta=2\cos^2\theta-1=2\left(\frac{-1+\sqrt{5}}{4}\right)^2-1$$

$$=\frac{-1-\sqrt{5}}{4}$$

$$P=\cos\theta+\cos 2\theta=-\frac{1}{2} \quad ②$$

☞ **注1** ①で $\cos^2\theta$ を $\frac{\cos 2\theta+1}{2}$ でおきかえれば，途中の計算は省略されて②へ直行できる．

解2

$\cos\frac{2\pi}{5}+i\sin\frac{2\pi}{5}=\alpha$ とおくと，α は $x^5-1=0$ の虚数解の１つになる．よって $\alpha^5-1=0$

$$(\alpha-1)(\alpha^4+\alpha^3+\alpha^2+\alpha+1)=0$$

$\alpha\fallingdotseq 1$ だから

$$\alpha^4+\alpha^3+\alpha^2+\alpha+1=0 \quad ①$$

$$\bar{\alpha}=cos\frac{2\pi}{5}-i\sin\frac{2\pi}{5}$$

$$\therefore\quad \cos\frac{2\pi}{5}=\frac{1}{2}(\alpha+\bar{\alpha})$$

ところが $\bar{\alpha}=\cos\left(2\pi-\frac{2\pi}{5}\right)$

$$+i\sin\left(2\pi-\frac{2\pi}{5}\right)$$

$$=\cos\frac{8\pi}{5}+i\sin\frac{8\pi}{5}$$

$$=\left(\cos\frac{2\pi}{5}+i\sin\frac{2\pi}{5}\right)^4=\alpha^4$$

$$\therefore\quad \cos\frac{2\pi}{5}=\frac{1}{2}(\alpha+\alpha^4) \qquad ②$$

同様にして

$$\cos\frac{4\pi}{5}=\frac{1}{2}(\alpha^2+\overline{\alpha^2})=\frac{1}{2}(\alpha^2+\alpha^3) \qquad ③$$

したがって

$$P=\frac{1}{2}(\alpha+\alpha^4+\alpha^2+\alpha^3)$$

$$=\frac{1}{2}(-1)=-\frac{1}{2}$$

解3

与えられた式に $2sin\frac{\pi}{5}$ をかけると

$$2P\sin\frac{\pi}{5}=2\cos\frac{2\pi}{5}\sin\frac{\pi}{5}+2\cos\frac{4\pi}{5}\sin\frac{\pi}{5}$$

$$=\left(\sin\frac{3\pi}{5}-\sin\frac{\pi}{5}\right)$$

$$+\left(\sin\pi-\sin\frac{3\pi}{5}\right)$$

$$=-\sin\frac{\pi}{5}$$

$$\therefore\quad P=-\frac{1}{2}$$

解4

和を積に直すと

$$P=\cos\frac{2\pi}{5}+\cos\frac{4\pi}{5}=2\cos\frac{3\pi}{5}\cos\frac{\pi}{5}$$

ところが

$$\cos\frac{3\pi}{5}=-\cos\left(\pi-\frac{3\pi}{5}\right)=-\cos\frac{2\pi}{5}$$

$$\cos\frac{\pi}{5}=-\cos\left(\pi-\frac{\pi}{5}\right)=-\cos\frac{4\pi}{5}$$

$$\therefore\quad P=\cos\frac{2\pi}{5}+\cos\frac{4\pi}{5}$$

$$=2\cos\frac{2\pi}{5}\cos\frac{4\pi}{5}$$

ここで $\cos\frac{2\pi}{5}=t$ とおくと

$$P=t+2t^2-1=2t(2t^2-1)$$

$$\therefore\quad 4t^3-2t^2-3t+1=0$$

$$(t-1)(4t^2+2t-1)=0$$

$t\fallingdotseq 1$ だから $4t^2+2t-1=0$

$$t+2t^2=\frac{1}{2}$$

$$\therefore\quad P=\frac{1}{2}-1=-\frac{1}{2}$$

☞ **注2** 円を用いて正五角形ABCDEをかき，2つの対角線AC，BDの交点をFとしてみる．

角の大きさをみると，図のような関係がある．黒丸1つは $\frac{\pi}{5}$ を表す．

△ABCと△CFBとは相似であるから

$$\mathrm{AB}:\mathrm{AC}=\mathrm{CF}:\mathrm{CB}$$

$$a:a+x=x:a$$

$$(a+x)x=a^2$$

この正の解を求めると

$$\frac{x}{a}=\frac{-1+\sqrt{5}}{2}$$

これは黄金分割の比である．

BFの中点をMとし，$\frac{2\pi}{5}=\theta$ とすると，

△ABMから

$$\cos\theta=\frac{\mathrm{BM}}{\mathrm{AB}}=\frac{x}{2a}$$

$$=\frac{-1+\sqrt{5}}{4}$$

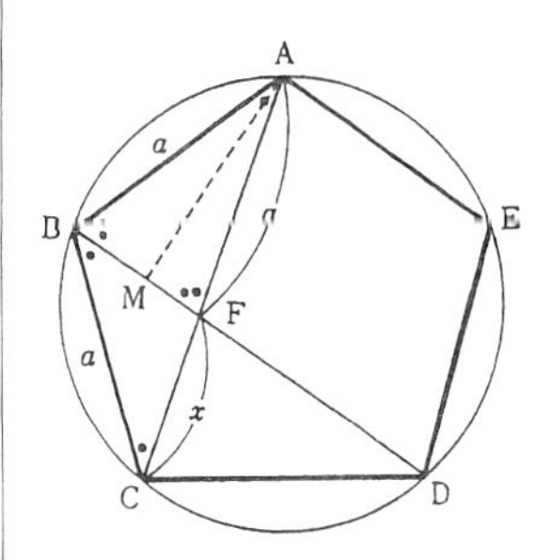

問題44

(1) 円周 O 上に 4 点 A, B, C, D がこの順にあるとき，次の等式が成り立つことを証明せよ．ただし，$\overset{\frown}{\mathrm{AB}}$, $\overset{\frown}{\mathrm{CD}}$ などは ∠AOB, ∠COD などの内部の弧とする．

$$\overset{\frown}{\mathrm{AB}}\cdot\overset{\frown}{\mathrm{CD}}+\overset{\frown}{\mathrm{AD}}\cdot\overset{\frown}{\mathrm{BC}}=\overset{\frown}{\mathrm{AC}}\cdot\overset{\frown}{\mathrm{BD}}$$

(2) この式の中の弧を，弧に対する中心角でおきかえた

$$\angle\mathrm{AOB}\cdot\angle\mathrm{COD}+\angle\mathrm{AOD}\cdot\angle\mathrm{BOC}=\angle\mathrm{AOC}\cdot\angle\mathrm{BOD}$$

が成り立つことを示せ．

(3) 両辺を 4 で割り，$\dfrac{\angle\mathrm{AOB}}{2}$, $\dfrac{\angle\mathrm{COD}}{2}$, ……をそれぞれ

$\sin\dfrac{\angle\mathrm{AOB}}{2}$, $\sin\dfrac{\angle\mathrm{COD}}{2}$, ……でおきかえても成り立つことを示せ．

(4) (3)で導いた式から，次のトレミーの定理を導け．

$$\mathrm{AB}\cdot\mathrm{CD}+\mathrm{AD}\cdot\mathrm{BC}=\mathrm{AC}\cdot\mathrm{BD}$$

円 O の半径を r とし，角をラジアンで表せば，

$$\overset{\frown}{\mathrm{AB}}=r\cdot\angle\mathrm{AOB}$$

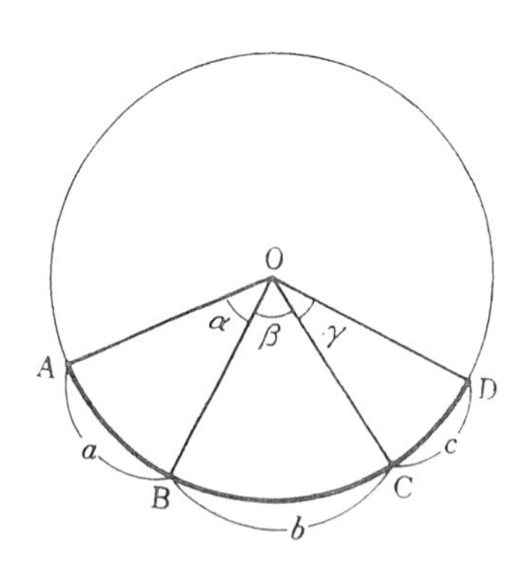

この欄を読めば得するよ！

これを用いれば，(1)から(2)が導かれる。

解

(1) $\overset{\frown}{\mathrm{AB}}=a$，$\overset{\frown}{\mathrm{BC}}=b$，$\overset{\frown}{\mathrm{CD}}=c$ とおくと

$$\begin{aligned}左辺&=\overset{\frown}{\mathrm{AB}}\cdot\overset{\frown}{\mathrm{CD}}+\overset{\frown}{\mathrm{AD}}\cdot\overset{\frown}{\mathrm{BC}}\\&=ac+(a+b+c)b\\&=(a+b)(b+c)\\&=\overset{\frown}{\mathrm{AC}}\cdot\overset{\frown}{\mathrm{BD}}=右辺\end{aligned}$$

(2) (1)の式の $\overset{\frown}{\mathrm{AB}}\cdot\overset{\frown}{\mathrm{CD}}$,……を $r\cdot\angle\mathrm{AOB}$, $r\cdot\angle\mathrm{COD}$,……でおきかえてから，両辺を r^2 で割る。

(3) $\angle\mathrm{AOB}=\alpha$，$\angle\mathrm{BOC}=\beta$，$\angle\mathrm{COD}=\gamma$ とおくと，証明する式は

$$\sin\frac{\alpha}{2}\sin\frac{\gamma}{2}+\sin\frac{\alpha+\beta+\gamma}{2}\sin\frac{\beta}{2}=\sin\frac{\alpha+\beta}{2}\sin\frac{\beta+\gamma}{2}$$

$$\begin{aligned}左辺\times2&=\left(\cos\frac{\alpha-\gamma}{2}-\cos\frac{\alpha+\gamma}{2}\right)\\&\quad+\left(\cos\frac{\alpha+\gamma}{2}-\cos\frac{\alpha+2\beta+\gamma}{2}\right)\\&=\cos\frac{\alpha-\gamma}{2}-\cos\frac{\alpha+2\beta+\gamma}{2}\\&=2\sin\frac{\alpha+\beta}{2}\sin\frac{\beta+\gamma}{2}=右辺\times2\end{aligned}$$

$$\therefore 左辺=右辺$$

(4) 弦ABの中点をMとするとOM⊥AB,

$$\angle\mathrm{AOM}=\angle\mathrm{BOM}=\frac{\alpha}{2}$$

☞ **注1** 円周Oを切り開いて，直線上に変形しても，長さは変わらないから，1直線上の4点A，B，C，Dについて，トレミーの定理

AB・CD＋AD・BC＝AC・BD

が成り立つ．しかも，この等式は，線分の長さを有向線分の長さとみれば，4点がどんな順序にあっても成り立つ．数直線を用い，証明してみよ．

☞ **注2** 有向線分の長さとすると，上の等式は移項して

AD・CB＋BD・AC＋CD・BA＝0

と書きかえられる．4点A，B，C，Dの座標をそれぞれ a，b，c，x とおくと，

$(x-a)(b-c)+(x-b)(c-a)+(x-c)(a-b)=0$

となって，よく知られている恒等式に変わる．

$$AB = 2r\sin\frac{\alpha}{2}$$

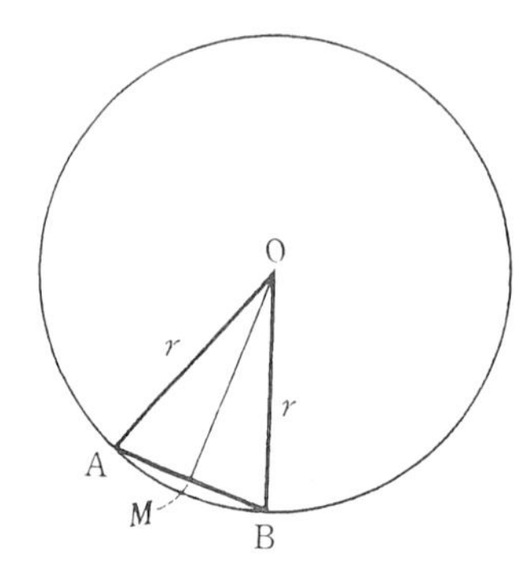

他の弦について同様の式が成り立つ。(3)で証明した式の両辺に $4r^2$ をかけて，弦でおきかえると

$$AB\cdot CD + AD\cdot BC = AC\cdot BD$$

問題45

$0<\alpha$，β，$\gamma<\dfrac{\pi}{2}$，$\alpha \fallingdotseq \beta$ でかつ

$$p = \frac{\cos\alpha}{\sin(\beta+\gamma)} = \frac{\cos\beta}{\sin(\gamma+\alpha)}$$

のとき，p の値は一定であることを証明せよ。

加法定理，和→積，積→和　これら3つの変形をいつ，どんな順序で行うかによって，やさしくも，むずかしくもなる。

分母を払って

$$\cos\alpha\sin(\gamma+\alpha) = \cos\beta\sin(\beta+\gamma)$$

この欄を読めば得するよ！

ここで，加法定理を用いるか，それとも両辺に「積→和」の変形を行うか．

解

仮定の等式から

$$\cos\alpha\sin(\gamma+\alpha)=\cos\beta\sin(\beta+\gamma)$$

両辺を2倍してから，積を和にかえると

$$\sin(2\alpha+\gamma)+\sin\gamma=\sin(2\beta+\gamma)+\sin\gamma$$

$$\sin(2\alpha+\gamma)-\sin(2\beta+\gamma)=0$$

$$\therefore\quad 2\cos(\alpha+\beta+\gamma)\sin(\alpha-\beta)=0$$

仮定によって $0<|\alpha-\beta|<\dfrac{\pi}{2}$ だから

$$\sin(\alpha-\beta)\fallingdotseq 0$$

$$\therefore\quad \cos(\alpha+\beta+\gamma)=0$$

$0<\alpha+\beta+\gamma<\dfrac{3\pi}{2}$ であるから

$$\alpha+\beta+\gamma=\frac{\pi}{2}\qquad\therefore\quad \beta+\gamma=\frac{\pi}{2}-\alpha$$

$$\therefore\quad p=\frac{\cos\alpha}{\sin\left(\dfrac{\pi}{2}-\alpha\right)}=\frac{\cos\alpha}{\cos\alpha}=1$$

三角関数の手品―和を積にかえ，積を和にかえる．

問題46

θ の値に関係なく，次の式の値が一定になるように，a，b の値を定めることができるか．できるならば，その a，b の値を求めよ．

$$\cos^2\theta+a\cos^2\left(\theta+\frac{\pi}{3}\right)+b\cos\theta\cos\left(\theta+\frac{\pi}{3}\right)$$

まず，必要条件を出すため，θ に適当な値を代入して，そのときの式の値を等しいとおいてみよ。未定係数は a，b の 2 つだから，方程式は 2 つ必要。したがって代入する値は 3 つ選ぶ。$\theta=0$，$-\dfrac{\pi}{3}$ のほかに，$\theta=\dfrac{\pi}{2}$ でも選ぶか。この方法で a，b をきめたとしても，必要条件にすぎない。十分条件かどうか，もとの式を簡単にして確かめることを忘れるな。

解

$\theta=0$，$-\dfrac{\pi}{3}$，$\dfrac{\pi}{2}$ とおいて

$$1+a\cos^2\frac{\pi}{3}+b\cos\frac{\pi}{3}$$

$$=\cos^2\frac{\pi}{3}+a+b\cos\frac{\pi}{3}$$

$$=a\sin^2\frac{\pi}{3}$$

$$\therefore\quad 1+\frac{a}{4}+\frac{b}{2}=\frac{1}{4}+a+\frac{b}{2}=\frac{3a}{4}$$

第 1 式と第 2 式とから $a=1$

これを第 2 式と第 3 式に代入して $b=-1$

逆に $a=1$，$b=-1$ のとき

$$与式=\cos^2\theta+\cos\left(\theta+\frac{\pi}{3}\right)\left\{\cos\left(\theta+\frac{\pi}{3}\right)-\cos\theta\right\}$$

この欄を読めば得するよ！

三角関数の式一次数を下げてみる.

☞ **注** $\cos\theta$，$\sin\theta$ の式にかえると，これらの 2 次の同次式になるから，さらに，$\sin2\theta$，$\cos2\theta$ についての 1 次式へと次数を下げてみよ.

与式＝

$$\left(1+\frac{a}{4}+\frac{b}{2}\right)\cos^2\theta-\frac{\sqrt{3}}{2}(a+b)\cos\theta\sin\theta+\frac{3}{4}a\sin2\theta$$

$$\cos^2\theta=\frac{1+\cos2\theta}{2},$$

$$\sin^2\theta=\frac{1-\cos2\theta}{2},$$

$$\sin\theta\cos\theta=\frac{\sin2\theta}{2}$$

を代入すると

与式

$$=\frac{2-a+b}{4}\cos2\theta-\frac{\sqrt{3}}{4}(a+b)\sin2\theta+\frac{2+2a+b}{4}$$

$$=\cos^2\theta+\left(\frac{1}{2}\cos\theta-\frac{\sqrt{3}}{2}\sin\theta\right)\left(\frac{1}{2}\cos\theta-\frac{\sqrt{3}}{2}\sin\theta-\cos\theta\right)$$

$$=\cos^2\theta+\left(\frac{1}{2}\cos\theta-\frac{\sqrt{3}}{2}\sin\theta\right)\left(\frac{1}{2}\cos\theta+\frac{\sqrt{3}}{2}\sin\theta\right)$$

$$=\cos^2\theta-\frac{1}{4}\cos^2\theta+\frac{3}{4}\sin^2\theta$$

$$=\frac{3}{4}(\cos^2\theta+\sin^2\theta)=\frac{3}{4}$$

答　定めることができる．$a=1$，$b=-1$

$=A\cos2\theta+B\sin2\theta+C$
とおくと
　与式
$=\sqrt{A^2+B^2}\sin(2\theta+\alpha)+C$
　(α は一定)
　これが θ の値に関係なく一定ならば $\sin(2\theta+\alpha)$ に関係なく一定でもあるから $A^2+B^2=0$
　∴　$A=B=0$
∴　$2-a+b=0$，$a+b=0$
∴　$a=1$，$b=-1$

問題47

△ABC において ∠C＝90°，BC＝a，AC＝b である．斜辺 AB の中点を M，∠C の二等分線が AB と交わる点を D とし，∠MCD＝θ とおくとき，$\tan\theta$ の値を求めよ．

MC＝MA＝MB を思い出せば，なかば解決したようなものである．

この欄を読めば得するよ！

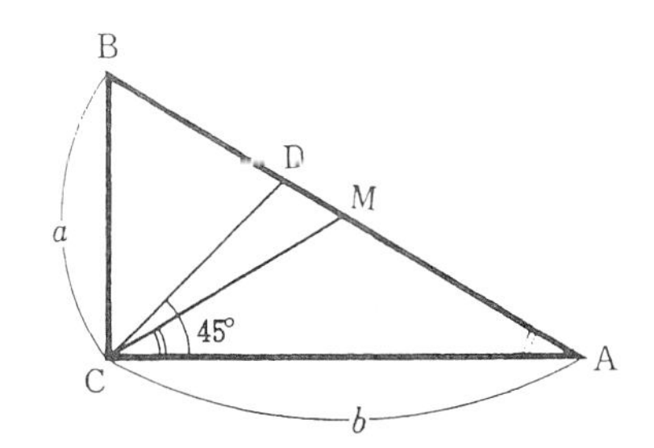

解

M は AB の中点であるから

MC＝MA

$\therefore \quad \angle \mathrm{MCA}=\angle \mathrm{A}$

$a \leqq b$ のとき

$\theta=45^\circ-A$

$$\tan\theta=\tan(45^\circ-A)$$

$$=\frac{\tan 45^\circ-\tan A}{1+\tan 45^\circ \tan A}$$

$$=\frac{1-\dfrac{a}{b}}{1+\dfrac{a}{b}}=\frac{b-a}{a+b}$$

$a>b$ のときは同様にして $\tan\theta=\dfrac{a-b}{a+b}$

$$\therefore \quad \tan\theta=\frac{|a-b|}{a+b}$$

問題48

△ABC について，次の問に答えよ．

(1)　任意の△ABC において $\sin B+\sin C>\sin A$ が成り立つことを証明せよ．

(2)　$A<90^\circ$ のときは，

$$\sin\frac{B}{2}+\sin\frac{C}{2}>\sin\frac{A}{2}$$

が成り立つことを証明せよ．

正弦の定理によって，辺の関係にかえてみる．(2)は角が $\dfrac{B}{2}$ と $\dfrac{C}{2}$ の三角形の利用に気

づけば簡単である．内心をＩとして△IBCを利用しては？

3辺の長さを $BC=a$，$CA=b$，$AB=c$ とおくと

$$b+c>a \qquad ①$$

正弦定理によって

$$\frac{a}{\sin A}=\frac{b}{\sin B}=\frac{c}{\sin C}\ (=k\text{ とおく})$$

$$a=k\sin A,\ b=k\sin B,\ c=k\sin C$$

これらを①に代入すると

$$k\sin B+k\sin C>k\sin A$$

$a=k\sin A$ において $a>0$，$\sin A>0$

$$\therefore\quad k>0$$

$$\therefore\quad \sin B+\sin C>\sin A$$

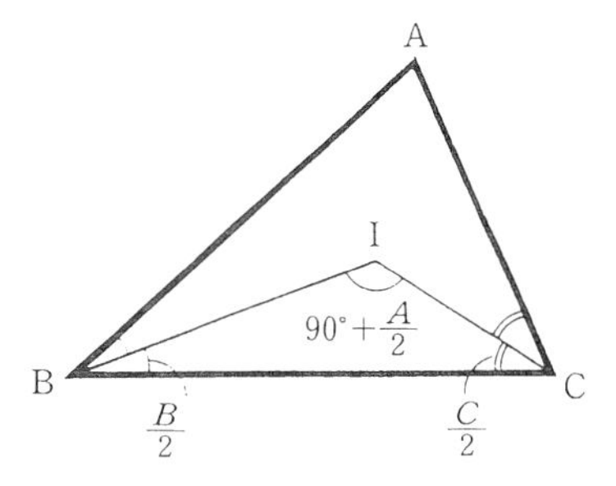

(2)　△ABCの内心をＩとすると

$$\angle IBC=\frac{B}{2}$$

$$\angle ICB=\frac{C}{2}$$

$$\therefore \quad \angle BIC = 180^\circ - \frac{B}{2} - \frac{C}{2} = 90^\circ + \frac{A}{2}$$

△IBC に(1)の不等式をあてはめると

$$\sin\frac{B}{2} + \sin\frac{C}{2} > \sin\left(90^\circ + \frac{A}{2}\right)$$

ところが

$$\sin\left(90^\circ + \frac{A}{2}\right) - \sin\frac{A}{2}$$

$$= 2\cos\left(45^\circ + \frac{A}{2}\right)\sin 45^\circ > 0$$

$$\therefore \quad \sin\left(90^\circ + \frac{A}{2}\right) > \sin\frac{A}{2}$$

$$\therefore \quad \sin\frac{B}{2} + \sin\frac{C}{2} > \sin\frac{A}{2}$$

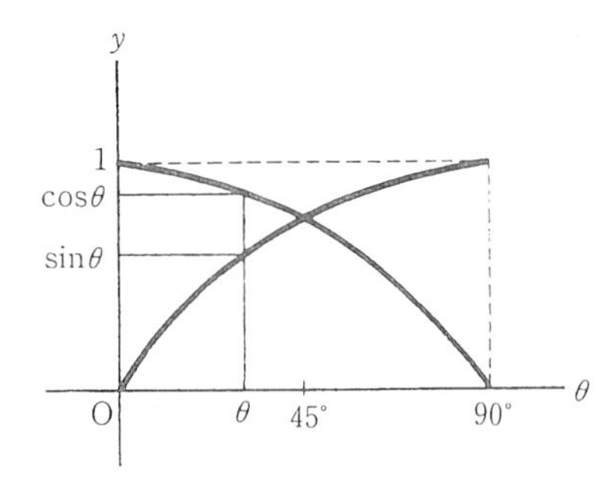

☞ 注 $0 < \theta < 45^\circ$ のとき $\cos\theta > \sin\theta$ となることは，左の図からあきらかであろう．これを用いれば

$$\sin\left(90^\circ + \frac{A}{2}\right) = \cos\frac{A}{2} > \sin\frac{A}{2}$$

問題49

円Oに内接する正三角形ABCがある．BC上に任意の点Pをとり，APの延長が円Oと交わる点をDとし，CD，ABの延長の交点をQ，BD，ACの延長の交点をRとする．このとき

$$\frac{AP}{CQ}+\frac{AP}{BR}$$

は，Pの位置に関係なく一定であることを証明せよ．

この欄を読めば得するよ！

$\triangle$ABCの１辺を a，$\angle$BAP$=\theta$ とおいて，AP，CQ，BR の長さを a と θ で表すのが常道であろう．表すことは適当な三角形に正弦定理を用いれば，達せられる．

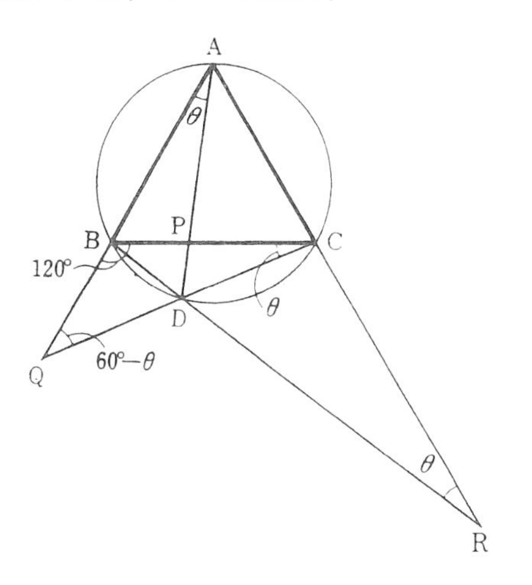

☞ 注 一定量を予想したいときは，Dが弧BCの中点に一致した特殊な場合を考えよ．このとき

$AP=\dfrac{\sqrt{3}\,a}{2}$，

$CQ=BR=\sqrt{3}\,a$

から与式の値は１になる．もっと簡単なのは，DがBに限りなく近づいたときの極限の利用である．このとき BR$\to\infty$，CQ$\to a$ だから，与式→1

AB＝AC＝BC＝a，$\angle$BAD$=\theta$ とおく．

$\triangle$BCQ において

$\angle BCQ=\angle BAD=\theta$

$\angle BQC=\angle ABC-\angle BCQ=60^\circ-\theta$

正弦定理を用いて

$$\frac{CQ}{\sin 120^\circ}=\frac{BC}{\sin(60^\circ-\theta)}$$

$$\therefore\quad CQ=\frac{\sqrt{3}\,a}{2\sin(60^\circ-\theta)}$$

△BCR において

$\angle \mathrm{DBC} = \angle \mathrm{DAC} = 60^\circ - \theta$

$\angle \mathrm{CRB} = \angle \mathrm{ACB} - \angle \mathrm{CBR}$

$\qquad = 60^\circ - (60^\circ - \theta) = \theta$

正弦定理を用いて

$$\frac{\mathrm{BR}}{\sin 120^\circ} = \frac{\mathrm{BC}}{\sin\theta} \qquad \therefore \quad \mathrm{BR} = \frac{\sqrt{3}\,a}{2\sin\theta}$$

△ABP に正弦定理を用いて

$$\frac{\mathrm{AP}}{\sin 60^\circ} = \frac{\mathrm{AB}}{\sin(120^\circ - \theta)}$$

$$\therefore \quad \mathrm{AP} = \frac{\sqrt{3}\,a}{2\sin(120^\circ - \theta)}$$

$$\therefore \quad \frac{\mathrm{AP}}{\mathrm{CQ}} + \frac{\mathrm{AP}}{\mathrm{BR}}$$

$$= \frac{\sqrt{3}\,a}{2\sin(120^\circ - \theta)}\left(\frac{2\sin(60^\circ - \theta)}{\sqrt{3}\,a} + \frac{2\sin\theta}{\sqrt{3}\,a}\right)$$

$$= \frac{\sin(60^\circ - \theta) + \sin\theta}{\sin(120^\circ - \theta)}$$

$$= \frac{\frac{\sqrt{3}}{2}\cos\theta - \frac{1}{2}\sin\theta + \sin\theta}{\frac{\sqrt{3}}{2}\cos\theta + \frac{1}{2}\sin\theta}$$

$= 1$ （一定）

—定値問題—
一定値をさぐれ.

問題50

AB を直径とする円において，AB と交わる弦を PQ とし，

$$\angle \mathrm{BAP} = \alpha, \quad \angle \mathrm{BAQ} = \beta$$

とおく，もし $\tan\alpha\tan\beta=k$（一定）ならば，弦 PQ は定点を通ることを証明せよ．

この欄を読めば
得するよ！

証明の糸口をみつけるには，弦 PQ の通る定点を発見しなければならない．

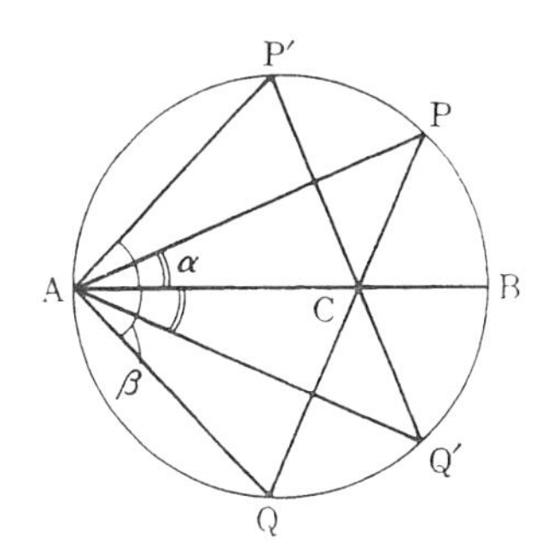

$\tan\alpha\tan\beta$ は，α，β について対称であることに注意せよ．定点は PQ 上にあり，PQ と AB に関して対称な P′Q′ 上にもあるはずだから，PQ と P′Q′ の交点が定点でなければならない．すなわち定点は直径 AB 上にある．PQ と AB の交点を C として，C は定点になることを示せばよい．

$$\tan\alpha\tan\beta=\frac{\sin\alpha\sin\beta}{\cos\alpha\cos\beta}$$

$$=\frac{\cos(\alpha-\beta)-\cos(\alpha+\beta)}{\cos(\alpha-\beta)+\cos(\alpha+\beta)} \quad ①$$

円の中心を O，PQ と AB との交点をC，O から PQ に下ろした垂線の足を H とする．

$\angle \mathrm{POB}=2\alpha$, $\angle \mathrm{QOB}=2\beta$

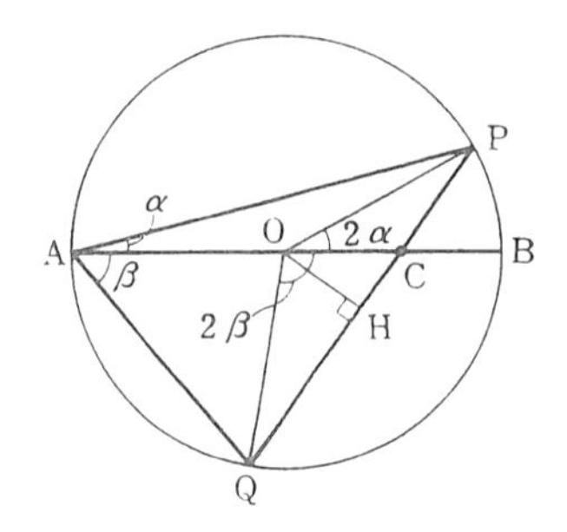

(i) C が半径 OB 上にあるとき

$\angle \mathrm{POH}=\dfrac{1}{2}\angle \mathrm{POQ}=\alpha+\beta$

$\angle \mathrm{COH}=|(\alpha+\beta)-2\alpha|$

$\qquad =|\alpha-\beta|$

よって $\mathrm{OP}=r$, $\mathrm{OC}=a$, $\mathrm{OH}=h$ とおくと

$$\cos(\alpha+\beta)=\frac{h}{r},$$

$$\cos(\alpha-\beta)=\cos|\alpha-\beta|=\frac{h}{a}$$

これらを①に代入して

$$\tan\alpha\tan\beta=\frac{\dfrac{h}{a}-\dfrac{h}{r}}{\dfrac{h}{a}+\dfrac{h}{r}}=\frac{r-a}{r+a}$$

$$=\frac{\mathrm{BC}}{\mathrm{AC}}=k\ (\text{一定})$$

よって，a は一定だから弦 PQ は AB 上の定点 C を通る。

(ii) C が半径 OA 上にあるときも，同様にして証明できる。

☞ **注1** 図形の利用に重点をおいた解き方を考えてみる。

AB は直径であるから

$$\angle \mathrm{APB}=\angle \mathrm{AQB}=\frac{\pi}{2}$$

したがって

$\tan\alpha=\dfrac{\mathrm{BP}}{\mathrm{AP}}$, $\tan\beta=\dfrac{\mathrm{BQ}}{\mathrm{AQ}}$

$\therefore\quad \tan\alpha\tan\beta=\dfrac{\mathrm{BP}\cdot\mathrm{BQ}}{\mathrm{AP}\cdot\mathrm{AQ}}$

$\angle \mathrm{PBQ}=\pi-(\alpha+\beta)$ であるから

$$\frac{\triangle \mathrm{BPQ}}{\triangle \mathrm{APQ}}$$

$$=\frac{\dfrac{1}{2}\mathrm{BP}\cdot\mathrm{BQ}\sin(\alpha+\beta)}{\dfrac{1}{2}\mathrm{AP}\cdot\mathrm{AQ}\sin(\alpha+\beta)}$$

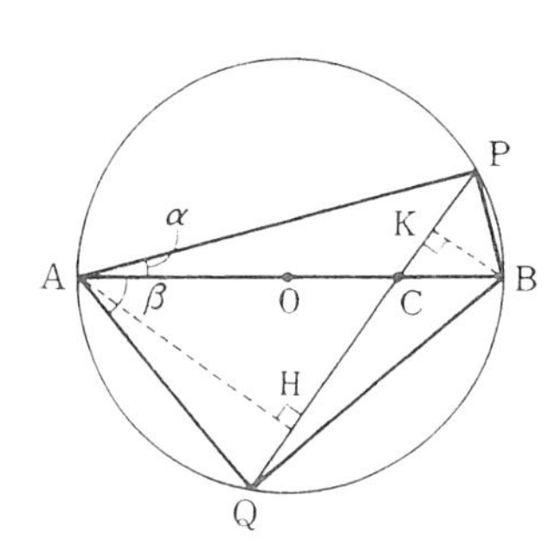

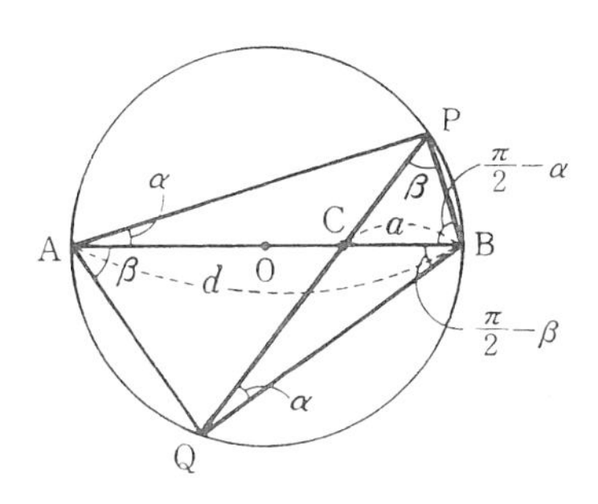

$=\dfrac{\mathrm{BP}\cdot\mathrm{BQ}}{\mathrm{AP}\cdot\mathrm{AQ}}$

$\therefore\quad k=\tan\alpha\tan\beta$

$=\dfrac{\triangle\mathrm{BPQ}}{\triangle\mathrm{APQ}}=\dfrac{\mathrm{BK}}{\mathrm{AH}}$

$=\dfrac{\mathrm{BC}}{\mathrm{AC}}$ (一定)

☞ **注2** △PBC，△QBC に正弦定理を用いれば簡単である．BC$=a$ とおくと

$$\frac{a}{\mathrm{CP}}=\frac{\sin\beta}{\cos\alpha},\quad \frac{a}{\mathrm{CQ}}=\frac{\sin\alpha}{\cos\beta}$$

$$\therefore\quad \frac{a^2}{\mathrm{CP}\cdot\mathrm{CQ}}=\tan\alpha\tan\beta=k$$

しかるに AB$=d$ とおくと

$\mathrm{CP}\cdot\mathrm{CQ}=\mathrm{CA}\cdot\mathrm{CB}=a(d-a)$

$$\therefore\quad \frac{a^2}{a(d-a)}=k$$

$$\therefore\quad a=\frac{dk}{1+k}$$

問題51

a，b は定数で，

$$(a-b\cos2\alpha)(a-b\cos2\beta)=a^2-b^2$$

$$-\frac{\pi}{2}<\alpha,\ \beta<\frac{\pi}{2},\quad a^2>b^2,\ b\neq0$$

なるとき，$\tan\alpha\cdot\tan\beta$ は一定であることを証明せよ．

$\cos2\alpha$，$\cos2\beta$ を α，β についての三角関数で表すことをくふうする．

この欄を読めば得するよ！

$$\cos 2\alpha=\frac{1-\tan^2\alpha}{1+\tan^2\alpha}$$

$$\cos 2\alpha=\cos^2\alpha-\sin^2\alpha=2\cos^2\alpha-1$$

などの利用を考える．

解1

与えられた等式から

$$a^2-ab(\cos 2\alpha+\cos 2\beta)+b^2\cos 2\alpha\cos 2\beta=a^2-b^2$$

$$a(\cos 2\alpha+\cos 2\beta)=b(\cos 2\alpha\cos 2\beta+1) \quad ①$$

$-\dfrac{\pi}{2}<\alpha,\ \beta<\dfrac{\pi}{2}$ であるから，$\tan\alpha$，$\tan\beta$ の値が存在する．

そこで $\cos 2\alpha=\dfrac{1-t^2}{1+t^2}$，$\cos 2\beta=\dfrac{1-s^2}{1+s^2}$（$t=\tan\alpha$，$s=\tan\beta$）とおいて，上の式に代入すれば

$$a\left(\frac{1-t^2}{1+t^2}+\frac{1-s^2}{1+s^2}\right)=b\left(\frac{1-t^2}{1+t^2}\cdot\frac{1-s^2}{1+s^2}+1\right)$$

$$a\{(1-t^2)(1+s^2)+(1+t^2)(1-s^2)\}=b\{(1-t^2)(1-s^2)+(1+t^2)(1+s^2)\}$$

$$a(1-t^2s^2)=b(1+t^2s^2)$$

$$t^2s^2(a+b)=a-b$$

仮定によって $(a+b)(a-b)>0$ だから

$$t^2s^2=\frac{a-b}{a+b}>0$$

$$\therefore\quad \tan\alpha\tan\beta=\pm\sqrt{\frac{a-b}{a+b}}$$

a，b は一定であるから，$\tan\alpha\tan\beta$ も一

☞ **注1** $\tan\alpha\tan\beta$ の方から，仮定に近づくことを考慮する道もあろう．

$$\tan^2\alpha\tan^2\beta=\frac{1-\cos 2\alpha}{1+\cos 2\alpha}\cdot\frac{1-\cos 2\beta}{1+\cos 2\beta}$$

$\cos 2\alpha+\cos 2\beta=u$，$1+\cos 2\alpha\cos 2\beta=v$ とおくと

$$\tan^2\alpha\tan^2\beta=\frac{v-u}{v+u}$$

①から $au=bv$

2式から u，v を消去する．

☞ **注2** $\sin^2\theta$，$\cos^2\theta$，$\tan^2\theta$ はすべて $\cos 2\theta$ の式で表される．

$\sin^2\theta$，$\cos^2\theta$，$\tan^2\theta$ を $\cos 2\theta$ で表わす．

定である．

問題52

△ABC において 2AB＝AC＋BC のとき，$\angle C$ の最大値を求めよ．

この欄を読めば得するよ！

余弦定理を用いる．C を最大にするには，$\cos C$ を最小にすればよい．

BC＝a，CA＝b，AB＝c とおくと $2c=a+b$

$$\cos C=\frac{a^2+b^2-c^2}{2ab}$$

c を消去すれば

$$\cos C=\frac{1}{2ab}\left\{a^2+b^2-\left(\frac{a+b}{2}\right)^2\right\}$$

$$=\frac{3(a^2+b^2)-2ab}{8ab}$$

$$=\frac{3}{8}\left(\frac{a}{b}+\frac{b}{a}\right)-\frac{1}{4}$$

ところが $\left(\frac{a}{b}+\frac{b}{a}\right)^2=\left(\frac{a}{b}-\frac{b}{a}\right)^2+4\geqq 4$

$$\frac{a}{b}+\frac{b}{1}\geqq 2$$

$$\therefore\quad \cos C\geqq\frac{3}{8}\times 2-\frac{1}{4}=\frac{1}{2}$$

$0<C<\pi$ であるから

$$C\leqq\frac{\pi}{3}$$

3 辺きまれば，3 角がきまる．

☞ 注 余弦定理は，辺のみから角が出る，強力な公式である．

C の最大値は $\dfrac{\pi}{3}$

問題53

四面体OABCにおいて$\angle \mathrm{AOB}=\angle \mathrm{AOC}=\angle \mathrm{BOC}=\dfrac{\pi}{2}$，$\angle \mathrm{OCA}=\alpha$，$\angle \mathrm{OCB}=\beta$ で，しかも $\cos\alpha+\cos\beta=\sqrt{2}$ のとき，$\angle \mathrm{ACB}$ の最小値を求めよ。

$\angle \mathrm{ACB}=\theta$ とおいて，θ の三角関数を $\cos\alpha$，$\cos\beta$ で表すことを考える。

$\mathrm{OC}=a$ とおくと

$\mathrm{AC}=a\sec\alpha$，$\mathrm{BC}=a\sec\beta$

$\mathrm{AO}=a\tan\alpha$，$\mathrm{BO}=a\tan\beta$

注1

$\sec\alpha=\dfrac{1}{\cos\alpha}$

$\sec\beta=\dfrac{1}{\cos\beta}$

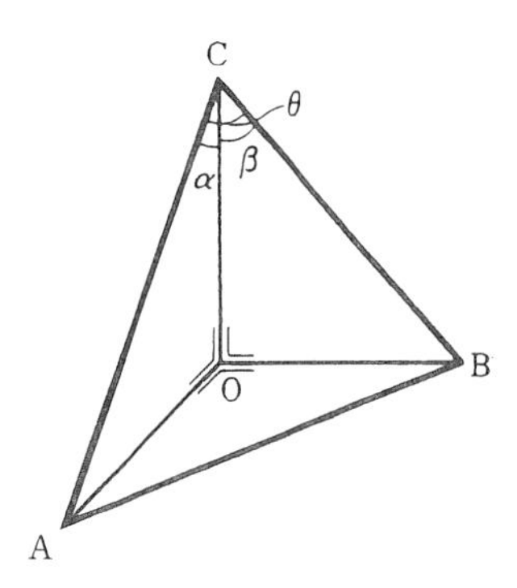

$\therefore\quad \mathrm{AB}^2=a^2\tan^2\alpha+a^2\tan^2\beta$

$\angle \mathrm{ACB}=\theta$ とおいて，$\triangle \mathrm{ABC}$ に余弦定理を用いると

$\cos\theta$

$$=\frac{AC^2+BC^2-AB^2}{2AC\cdot BC}$$

$$=\frac{a^2\sec^2\alpha+a^2\sec^2\beta-(a^2\tan^2\alpha+a^2\tan^2\beta)}{2a^2\sec\alpha\sec\beta}$$

$$=\frac{(\sec^2\alpha-\tan^2\alpha)+(\sec^2\beta-\tan^2\beta)}{2\sec\alpha\sec\beta}$$

$$=\frac{1}{\sec\alpha\sec\beta}=\cos\alpha\cos\beta$$

仮定によって $\cos\alpha+\cos\beta=\sqrt{2}$ であるから，$\cos\theta$（$0<\theta<\pi$）は

$\cos\alpha=\cos\beta=\dfrac{\sqrt{2}}{2}=\dfrac{1}{\sqrt{2}}$ のとき最大になる。

$\cos\theta$ の最大値は $\dfrac{1}{2}$　　θ の最小値は $\dfrac{\pi}{3}$

☞ **注2** 和が一定な2数の積は，2数が等しいときに最大になる．
$x+y=k$ とおくと
$$xy=\frac{k^2-(x-y)^2}{4},$$
$x=y$ のとき xy は最大になる．

☞ **注3** $\cos\theta$ は $0\leqq\theta\leqq\pi$ において，減少関数であるから，θ が最小のとき $\cos\theta$ は最大になる．

問題54

四面体OABCにおいて

$$OA=OB=OC=a,\ \angle AOB=\angle AOC=\angle BOC=\frac{\pi}{2}$$

であるとき，次の問に答えよ．

(1)　辺OAが面ABCとなす角を θ とするとき，$\tan\theta$ の値を求めよ．

(2)　辺OA上の動点Dから面ABCにおろした垂線の足をEとする．四面体BCDEの体積が最大になるときのADの長さ，および体積の最大値を求めよ．

直線gが平面αとなす角というのは，gのα上に投ずる正射影をg'とするとき，gとg'のなす角のことである．gとg'を含む平面をβとすると，βはαに垂直である．またg上の点からαに垂線をおろせば，それはβに含まれ，垂線の足はg'上にある．BCの中点をMとすると，平面OAMはBCに垂直であり，したがって面ABCにも垂直であることを明らかにせよ．

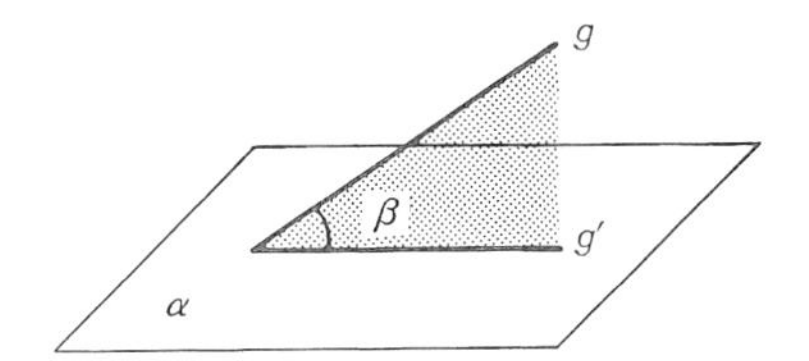

(1)　BCの中点をMとすると，△ABC，△OBCは二等辺三角形であるから

AM⊥BC，OM⊥BC

∴　平面AOM⊥BC

したがって

平面AOM⊥平面ABC　　①

よって，∠OAM$=\theta$である．

$$\mathrm{OA}=a,\ \mathrm{OM}=\frac{a}{\sqrt{2}}$$

$$\tan\theta=\frac{\mathrm{OM}}{\mathrm{OA}}=\frac{1}{\sqrt{2}}$$

(2)　①によって，Eは辺AM上にある．

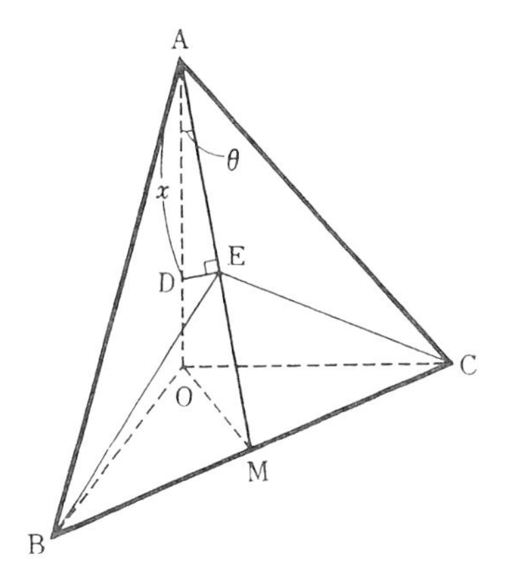

AD$=x$ とおくと

DE$=x\sin\theta$，AE$=x\cos\theta$，

AM$=a\sec\theta$

EM$=a\sec\theta-x\cos\theta$

四面体 BCDE の体積を V とすると

$$V=\frac{1}{3}\cdot\triangle\mathrm{BCE}\cdot\mathrm{DE}$$

$$=\frac{1}{3}\cdot\frac{1}{2}\sqrt{2}\,a(a\sec\theta-x\cos\theta)\cdot x\sin\theta$$

$$=\frac{\sqrt{2}\,a}{6}(a\sec^2\theta-x)x\cos\theta\sin\theta$$

$f(x)=(a\sec^2\theta-x)x$ とおくと

$$f(x)=\frac{a^2\sec^4\theta}{4}-\left(\frac{a\sec^2\theta}{2}-x\right)^2$$

よって，V は

$$x=\frac{a\sec^2\theta}{2}=\frac{a}{2}(1+\tan^2\theta)=\frac{3a}{4}$$

のとき最大で，最大値は

$$V_{\max}=\frac{\sqrt{2}\,a}{6}\cdot\frac{a^2\sec^4\theta}{4}\cdot\cos\theta\sin\theta$$
$$=\frac{\sqrt{2}}{24}a^3(1+\tan^2\theta)\tan\theta=\frac{a^3}{16}$$

問題55

4点O(0, 0)，A(a, 0)，B(0, b)，C(a, b) を頂点とする長方形がある．辺AC，BC上にそれぞれ点P，Qをとって，∠POQ＝45°となるようにする．P，Qの座標をそれぞれ (a, y)，(x, b) とおくとき，次の問に答えよ。ただし，a，b は正の数で $(\sqrt{2}-1)a<b<a$ とする．

(1) y は x のどんな関数か。

(2) x はどんな範囲にあるのか。

(3) △OPQの面積を S とするとき，S の最小値を求めよ。

∠POQ＝45°の使い方が要点になろう．∠AOQ＝α，∠AOP＝β とおくと，$\tan\alpha$，$\tan\beta$ は簡単な式で表されるから，tan45°＝1 は $\tan(\alpha-\beta)=1$ として用いるとうまくいく。

解

(1) ∠AOQ＝α，∠AOP＝β とおくと

$$\tan\alpha=\frac{b}{x},\quad \tan\beta=\frac{y}{a}$$

$$\tan45^\circ=\tan(\alpha-\beta)=\frac{\tan\alpha-\tan\beta}{1+\tan\alpha\tan\beta}$$

$$=\frac{\frac{b}{x}-\frac{y}{a}}{1+\frac{b}{x}\cdot\frac{y}{a}}=\frac{ab-xy}{ax+by}=1$$

これを y について解いて

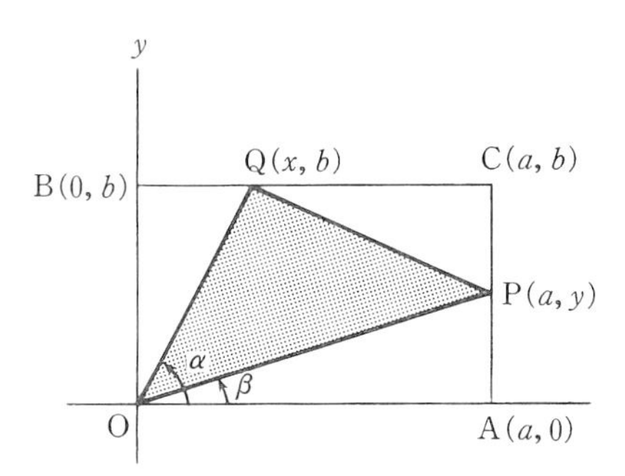

$$y=\frac{a(b-x)}{b+x} \quad ①$$

(2)　$0\leqq x\leqq a$　②

$0\leqq y\leqq b$　③

①を③に代入して

$$0\leqq\frac{a(b-x)}{x+b}\leqq b$$

これを解いて $\frac{b(a-b)}{a+b}\leqq x\leqq b$　④

②と④の共通範囲をとって

$$\frac{b(a-b)}{a+b}\leqq x\leqq b \quad ⑤$$

(3)　$S=\square\mathrm{OACB}-\triangle\mathrm{OAP}-\triangle\mathrm{OBQ}-\triangle\mathrm{CPQ}$

$$=ab-\frac{1}{2}ay-\frac{1}{2}bx-\frac{1}{2}(a-x)(b-y)$$

失敗したら，これでいこう．

$$=\frac{1}{2}(ab-xy)$$

これに①を代入して

$$S=\frac{1}{2}\left\{ab+\frac{ax(x-b)}{x+b}\right\}$$

$$=\frac{a}{2}\left\{x+b+\frac{2b^2}{x+b}-2b\right\}$$

$x+b$ と $\frac{2b^2}{x+b}$ はともに正で，積は一定であるから，それらの和は，2式が等しいときに最小になる．

$x+b=\frac{2b^2}{x+b}$ から

$$x=(\sqrt{2}-1)b$$

この x の値を x_0 とすると，x_0 は⑤をみたすことを示そう．

$$b-x_0=(2-\sqrt{2})b>0$$

$$x_0-\frac{b(a-b)}{a+b}=\frac{\sqrt{2}b}{a+b}\{b-(\sqrt{2}-1)a\}>0$$

したがって，$x=x_0$ のとき S は最小になる．

$$S_{\min}=\frac{a}{2}(2\sqrt{2}b-2b)=(\sqrt{2}-1)ab$$

☞ **注1** S の最小値は判別式によっても求められる．
$ax^2-2Sx-b(2S-ab)=0$
実数解の条件から
$S^2+ab(2S-ab)\geqq 0$,
$S\geqq(\sqrt{2}-1)ab$ ここで，等号を成立させる x の存在を示せば，S の最小値は $(\sqrt{2}-1)ab$ になる．

☞ **注2** 最大・最小の求め方は次のようにいろいろある．問題に即して用いる．

(1) 不等式の定理を用いる．
(2) 判別式を用いる．
(3) 微分法を用いる．
(4) 特殊な定理を用いる．
　2正数の和が一定なら
　　⟶積は等しいときに最大
　2正数の積が一定なら
　　⟶和は等しいときに最小

問題56

中心Oの円の直径をABとし，半径OB上の定点をCとする．Cを通る任意の弦をPQとするとき，四角形APBQの面積の最大値を求めよ．

ただし，AB＝$2r$，OC＝a とする。

PQがABとなす角をθとし，面積をθの関数として表せ。

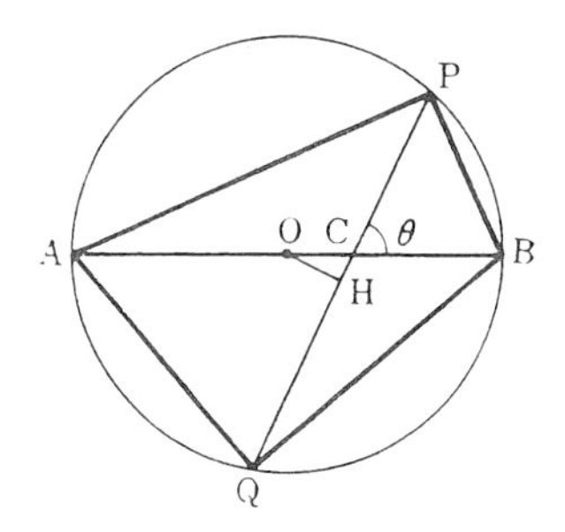

∠BCP＝θ，四角形APBQの面積をSとすると

$$S=\frac{1}{2}\mathrm{AB}\cdot\mathrm{PQ}\sin\theta$$
$$=r\mathrm{PQ}\sin\theta$$

Oから PQにおろした垂線の足をHとすると

$$\mathrm{PQ}=2\mathrm{PH}=2\sqrt{\mathrm{OP}^2-\mathrm{OH}^2}$$
$$=2\sqrt{r^2-a^2\sin^2\theta}$$
$$\therefore\quad S=2r\sqrt{r^2-a^2\sin^2\theta}\sin\theta$$
$$=2r\sqrt{(r^2-a^2\sin^2\theta)\sin^2\theta}$$

$\sin^2\theta=x$ とおくと

$$S=2r\sqrt{(r^2-a^2x)x}\quad(0\leqq x\leqq 1)$$
$$y=f(x)=(r^2-a^2x)x$$
$$=\frac{r^4}{4a^2}-a^2\left(x-\frac{r^2}{2a^2}\right)^2$$

(i) $\dfrac{r^2}{2a^2} \leqq 1$ のとき

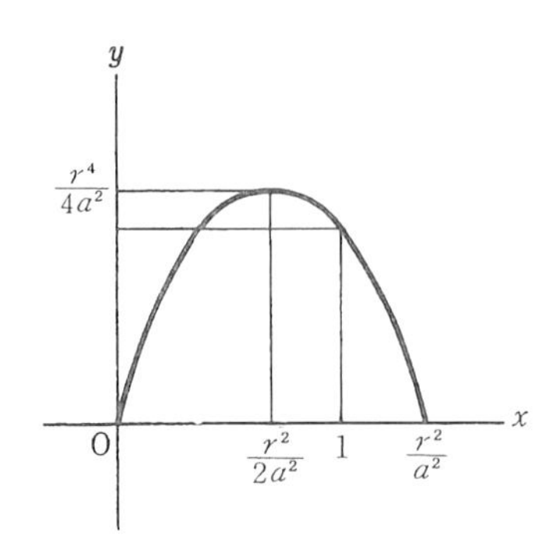

y は $x=\dfrac{r^2}{2a^2}$ のとき最大で

$$S_{\max}=2r\cdot\frac{r^2}{2a}=\frac{r^3}{a}$$

(ii) $\dfrac{r^2}{2a^2}>1$ のとき

y は $x=1$ で最大で

$S_{\max}=2r\cdot\sqrt{r^2-a^2}$

答　$r\leqq\sqrt{2}\,a$ のとき $\dfrac{r^3}{a}$

$r>\sqrt{2}\,a$ のとき $2r\sqrt{r^2-a^2}$

☞ **注1** 最初に用いた四角形の面積の公式を，念のため証明しておこう．

$$S=\frac{1}{2}\mathrm{AC}\cdot\mathrm{BD}\sin\theta$$

θ は2つの対角線のなす角の1つである．$\sin(\pi-\theta)=\sin\theta$ を用いて

$$S=\frac{1}{2}ab\sin\theta+\frac{1}{2}bc\sin\theta+\frac{1}{2}cd\sin\theta+\frac{1}{2}ad\sin\theta$$

$$=\frac{1}{2}(a+c)(b+d)\sin\theta$$

頂点から対角線に平行線をひいて平行四辺形PQRSを作れば，いともかんたんだが，ちょっと気づくまい．

$$S=\frac{1}{2}\square\mathrm{PQRS}$$

$$=\frac{1}{2}\mathrm{PQ}\cdot\mathrm{QR}\sin\theta$$

$$=\frac{1}{2}\mathrm{AC}\cdot\mathrm{BD}\sin\theta$$

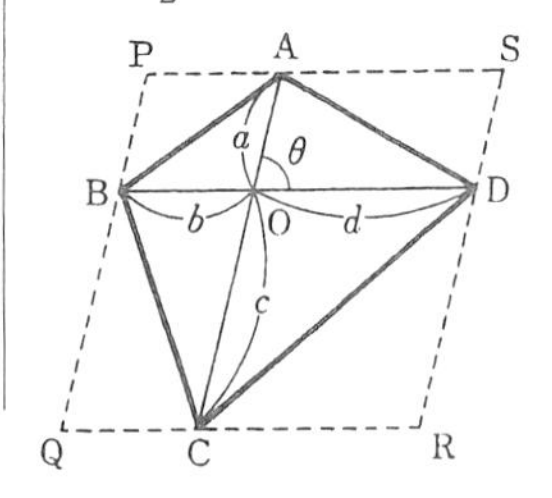

問題57

ABを直径とする半円上に2点P，Qをとって，四角形ABPQの面積が最大になるようにしたい。P，Qをどこにとればよいか。また面積の最大値を求めよ。

ただし，AB$=2a$ とする．

P，Q はかってにとってよいから，面積は 2 変数の関数である。たとえば，$\angle \mathrm{BOP}=x$，$\angle \mathrm{BOQ}=y$ とおけば，面積 S は x，y の関数である。このような関数の最大値を求めるには，y を固定し，x を変化させたときの最大値 $M(y)$ を求め，次に y を変化させて，$M(y)$ の最大値 M を求めればよい。

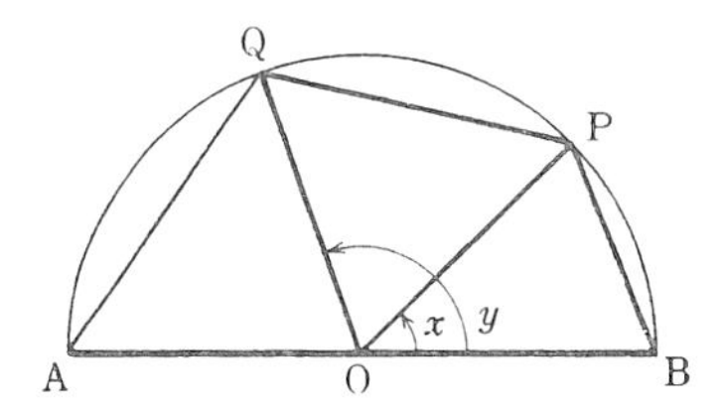

解

四角形 ABPQ の面積を S，$\angle \mathrm{BOP}=x$，$\angle \mathrm{BOQ}=y$ とおくと

$$S=\triangle \mathrm{OBP}+\triangle \mathrm{OPQ}+\triangle \mathrm{OQA}$$

$$=\frac{1}{2}a^2\sin x+\frac{1}{2}a^2\sin(y-x)+\frac{1}{2}a^2\sin(\pi-y)$$

$$=\frac{a^2}{2}\{\sin x+\sin(y-x)+\sin y\}$$

$$(0<x<y<\pi)$$

y を一定とすると，

$$S=\frac{a^2}{2}\left\{2\sin\frac{y}{2}\cos\left(x-\frac{y}{2}\right)+\sin y\right\}$$

は，$\cos\left(x-\frac{y}{2}\right)=1$，すなわち $x-\frac{y}{2}=0$

のとき，最大である．そのときの最大値を $M(y)$ とおくと

$$M(y)=\frac{a^2}{2}\left(2\sin\frac{y}{2}+\sin y\right)$$

$$=a^2\sin\frac{y}{2}\left(1+\cos\frac{y}{2}\right)$$

$\cos\frac{y}{2}=t$ とおくと

$$M(y)=a^2\sqrt{(1-t^2)}\,(1+t)$$

$$=a^2\sqrt{(1-t^2)(1+t)^2}$$

$f(t)=(1-t^2)(1+t)^2=(1+t)^3(1-t)$ とおくと

$$f'(t)=3(1+t)^2(1-t)+(1+t)^3(-1)$$

$$=4(1+t)^2\left(\frac{1}{2}-t\right)\qquad(0<t<1)$$

$t=\frac{1}{2}$ のとき，$f(t)$ は最大，したがって S は最大になる。

$\cos\frac{y}{2}=\frac{1}{2}$ から $y=\frac{2\pi}{3}$

$$\therefore\quad x=\frac{y}{2}=\frac{\pi}{3}$$

すなわち，

$\angle\mathrm{BOP}=\angle\mathrm{POQ}=\angle\mathrm{QOA}=\frac{\pi}{3}$

のとき，S は最大である．

$$S_{\max}=a^2\sqrt{\left(1-\frac{1}{4}\right)\left(1+\frac{1}{2}\right)^2}=\frac{3\sqrt{3}}{4}a^2$$

問題58

関数 $f(\theta)=\dfrac{a\sin\theta+b}{a\sin\theta-b}$ の値の範囲を求めよ．ただし $a\neq b$，a，$b>0$ とする．

$\sin\theta=x$ とおいて，1次の分数関数にかえる．このとき，x の変域 $-1\leqq x\leqq 1$ を無視しないこと．a，b の大小によって，2つの場合に分かれる．

$\sin\theta=x$ とおくと

$$F(x)=\frac{ax+b}{ax-b}\qquad(-1\leqq x\leqq 1)$$

変形して

$$F(x)=1+\frac{2b}{ax-b}$$

$a>b$ のとき

$$F(x)\leqq F(-1)=\frac{a-b}{a+b}$$

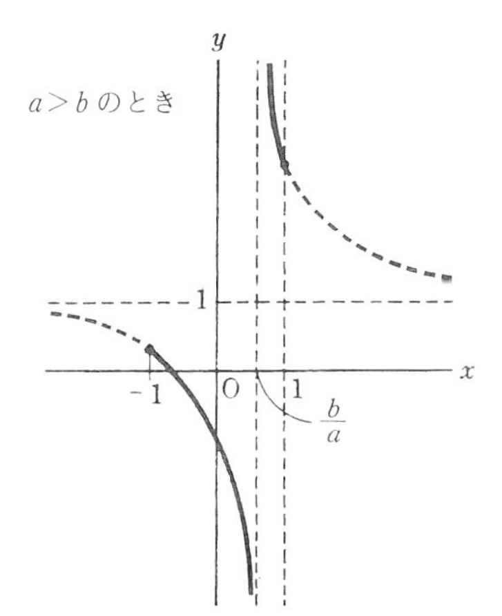

または $F(x) \geqq F(1) = \dfrac{a+b}{a-b}$

$a<b$ のとき

$F(1) \leqq F(x) \leqq F(-1)$

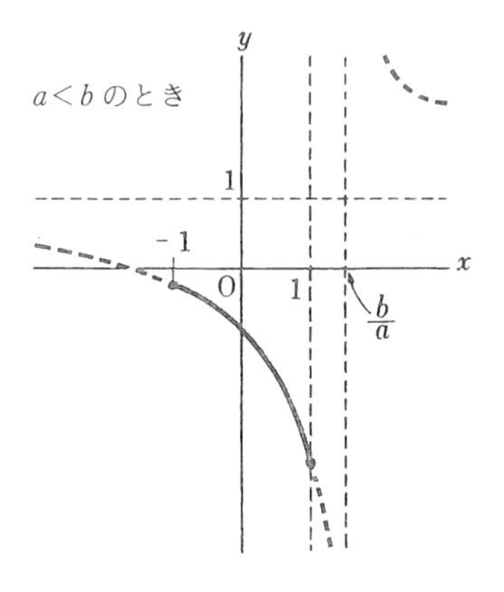

$\therefore \quad \dfrac{a+b}{a-b} \leqq F(x) \leqq \dfrac{a-b}{a+b}$

§7. 複素数と複素数平面

問題59

絶対値が1の n 個の要素よりなる集合 S がある．S の任意の元を α，β とするとき，演算 $\circ$ を

$$\alpha\circ\beta=-\frac{\overline{\alpha}\beta}{\overline{\beta}}$$

と定める．S が次の条件をみたしているとき，$n\leqq 4$ であるような S をすべて求めよ．

(i)　$1\in S$

(ii)　α，$\beta\in S$ ならば $\alpha\circ\beta\in S$

S の元を見つけたら，それらの元が条件(ii)をみたすことを示さなければ正しい解とはいえない。条件(ii)は集合 S が，新しい演算 $\circ$ について閉じていることを示す．

この欄を読めば得するよ！

解

$1\in S$ だから

$$1\circ 1=-\frac{\overline{1}\cdot 1}{\overline{1}}=-1\in S$$

そして，

$$1\circ(-1)=-\frac{\overline{1}\cdot(-1)}{\overline{(-1)}}=-1$$

$$(-1)\circ 1=-\frac{\overline{(-1)}\cdot 1)}{\overline{1}}=1$$

$$(-1)\circ(-1)=-\frac{\overline{(-1)}\cdot(-1)}{\overline{(-1)}}=-1$$

よって $S=\{1,\ -1\}$ は条件(i)，(ii)をみたす．

$\alpha\circ\beta$ の表

α ＼ β	1	−1
1	−1	−1
−1	1	1

閉じているは……
演算表で確かめる．

次にSが1，-1以外の元αをもったとすると

$$\alpha\circ\alpha=-\frac{\bar{\alpha}\alpha}{\bar{\alpha}}=-\alpha\in S$$

$$1\circ\alpha=-\frac{\bar{1}\alpha}{\bar{\alpha}}=-\frac{\alpha^2}{\alpha\bar{\alpha}}=-\alpha^2\in S$$

$-\alpha^2$は1，-1，α，$-\alpha$のいずれかに等しくしなければならない。

$-\alpha^2=1$とすると$\alpha=\pm i$

$-\alpha^2=-1$とすると$\alpha=\pm 1$となって不適

$-\alpha^2=\alpha$とすると$\alpha=0$，-1となって不適

$-\alpha^2=-\alpha$とすると$\alpha=0$, 1となって不適

$$\therefore\quad S=\{1,\ -1,\ i,\ -i\}$$

このSは条件(ii)をみたすことを明らかにする。

$$1\circ\alpha=-\frac{1\cdot\alpha}{\bar{\alpha}}=-\alpha^2=1$$

$$(-1)\circ\alpha=-\frac{\overline{(-1)}\alpha}{\bar{\alpha}}=\alpha^2=-1$$

$$\alpha\circ1=-\frac{\bar{\alpha}(1)}{\bar{1}}=-\bar{\alpha}=\pm i$$

$$\alpha\circ\alpha=-\frac{\bar{\alpha}\alpha}{\bar{\alpha}}=-\alpha=\mp i$$

$$\alpha\circ(-1)=-\frac{\bar{\alpha}(-1)}{(-1)}=-\bar{\alpha}=\pm i$$

答 $\{1,\ -1\}$

$\{1,\ -1,\ i,\ -i\}$

$\alpha\circ\beta$の表

α \ β	1	-1	i	$-i$
1	-1	-1	1	1
-1	1	1	-1	-1
i	i	i	$-i$	$-i$
$-i$	$-i$	$-i$	i	i

問題60

a，b が任意の実数で，$\omega=\dfrac{-1+\sqrt{3}\,i}{2}$ のとき，$a+b\omega$ の形の数の集合を S とする．また $\alpha\in S$ のとき，α の共役複素数を $\overline{\alpha}$ で表わす．このとき，次の問に答えよ．

(1)　$\alpha=a+b\omega\in S$ なるとき $\overline{\alpha}=a+b\omega^2$ であることを示せ．

(2)　α，$\beta\in S$ ならば $\alpha+\beta\in S$，$\alpha\beta\in S$ であることを証明せよ．

(3)　$\alpha=a+b\omega\in S$ なるとき $\alpha\overline{\alpha}=a^2-ab+b^2$ となることを証明せよ．

(4)　$\alpha=a+b\omega$，$\beta=c+d\omega$ の共役複素数を用いて

$$(a^2-ab+b^2)(c^2-cd+d^2)$$

を，P^2-PQ+R^2 の形の式にかきかえよ．ただし P，Q，R は a，b，c，d についての整式とする．

ω は1の虚立方根の1つであることに気づくはず．反射的に $\omega^3=1$，$\omega^2+\omega+1=0$ を連想するだろう．ここでは $\overline{\omega}=\omega^2$ もたいせつ．(4)は $\alpha=a+ib$ と，$\beta=c+di$ を用いて恒等式 $(a^2+b^2)(c^2+d^2)=(ac-bd)^2+(ad+bc)^2$ を導いたことになろう．

$(\alpha\overline{\alpha})(\beta\overline{\beta})=\alpha\beta(\overline{\alpha\beta})$

(1)　$\overline{\alpha}=\overline{a+b\omega}=\overline{a}+\overline{b\omega}$

$\qquad=\overline{a}+\overline{b}\,\overline{\omega}=a+b\overline{\omega}$

$$\omega^2=\left(\frac{-1+\sqrt{3}\,i}{2}\right)^2=\frac{-1-\sqrt{3}\,i}{2}=\overline{\omega}$$

$$\therefore\quad \overline{\alpha}=a+b\omega^2$$

注1 共役複素数の性質を復習しておこう．

(1) $\overline{\alpha+\beta}=\overline{\alpha}+\overline{\beta}$

(2) $\overline{\alpha-\beta}=\overline{\alpha}-\overline{\beta}$

(3) $\overline{\alpha\beta}=\overline{\alpha}\,\overline{\beta}$

(4) $\overline{\alpha\div\beta}=\overline{\alpha}\div\overline{\beta}$

(5) $|\alpha|=\sqrt{\alpha\overline{\alpha}}$

(6) α が実数 $\Longleftrightarrow\overline{\alpha}=\alpha$

(7) α が純虚数または $0\Longleftrightarrow\overline{\alpha}=-\alpha$

(2)を(1)から，(4)を(3)から導いてみよ．

(2)　$\alpha=a+b\omega$，$\beta=c+d\omega$

$$\alpha+\beta=(a+c)+(b+d)\omega\in S$$

$$\begin{aligned}\alpha\beta&=ac+(ad+bc)\omega+bd\omega^2\\&=ac+(ad+bc)\omega+bd(-\omega-1)\\&=(ac-bd)+(ad+bc-bd)\omega\in S\end{aligned}$$

(3)

$$\begin{aligned}\alpha\bar{\alpha}&=(a+b\omega)(a+b\omega^2)\\&=a^2+ab(\omega+\omega^2)+b^2\omega^3\\&=a^2-ab+b^2\end{aligned}$$

(4)　$(\alpha\bar{\alpha})(\beta\bar{\beta})=\alpha\beta\overline{\alpha}\,\overline{\beta}=\alpha\beta\overline{(\alpha\beta)}$　①

ところが $\alpha\bar{\alpha}=a^2-ab+b^2$

$$\beta\bar{\beta}=c^2-cd+d^2$$

$$\alpha\beta=(ac-bd)+(ad+bc-bd)\omega$$

これらを①に代入すると

与式$=(ac-bd)^2-(ac-bd)(ad+bc-bd)+(ad+bc-bd)^2$

ありゃ，共役のカップルだよ．

☞ 注2　ω を用いた因数分解としては $a^2-ab+b^2=(a-b\omega)(a+b\omega^2)$ のほかに，次の式が重要である．

$$a^2+b^2+c^2-bc-ca-ab=(a+b\omega+c\omega^2)(a+b\omega^2+c\omega)$$

オメガーの性質
たしてマイナス1，かけてプラス1

問題61

α，β は複素数であって $\alpha+\beta=1$，$\alpha\beta=1$ であるとする．2つの自然数 m，n が

$$\alpha^m+\beta^m=\alpha^n+\beta^n$$

をみたせば，m^2-n^2 は6の倍数であることを証明せよ．

α，β を極形式で表わして，三角関数の計算にかえる．あるいは $\alpha^6=1$ を用いる．

解1

α，β は2次方程式 $x^2-x+1=0$ の解である。

$$x=\frac{1\pm\sqrt{3}\,i}{2}=\cos\frac{\pi}{3}\pm i\sin\frac{\pi}{3}$$

よって $\alpha=\cos\dfrac{\pi}{3}+i\sin\dfrac{\pi}{3}$

$\beta=\cos\dfrac{\pi}{3}-i\sin\dfrac{\pi}{3}$ とおくと

$$\alpha^m=\left(\cos\frac{\pi}{3}+i\sin\frac{\pi}{3}\right)^m$$

$$=\cos\frac{m\pi}{3}+i\sin\frac{m\pi}{3}$$

同様にして $\beta^m=\cos\dfrac{m\pi}{3}-i\sin\dfrac{m\pi}{3}$

$$\therefore\quad \alpha^m+\beta^m=2\cos\frac{m\pi}{3}$$

同様にして $\alpha^n+\beta^n=2\cos\dfrac{n\pi}{3}$

$$\therefore\quad \cos\frac{m\pi}{3}=\cos\frac{n\pi}{3}$$

$$\frac{m\pi}{3}=2k\pi\pm\frac{n\pi}{3}$$

$(k=0,\ \pm1,\ \pm2,\cdots\cdots)$

$m+n=6k$ または $m-n=6k$

よって $m^2-n^2=(m+n)(m-n)$ は 6 の倍数である．

解 2

α，β は $x^2-x+1=0$ の解である．両辺に $x+1$ をかけて

$x^3+1=0$，　∴　$x^3=-1$　∴　$x^6=1$

α，β は $x^6=1$ をみたすから $\alpha^6=1$，$\beta^6=1$ さらに $\alpha\beta=1$

仮定 $\alpha^m+\beta^m=\alpha^n+\beta^n$ から

$$\alpha^m+\frac{1}{\alpha^m}=\alpha^n+\frac{1}{\alpha^n}$$

$$(\alpha^m-\alpha^n)\left(1-\frac{1}{\alpha^{m+n}}\right)=0$$

∴　$\alpha^{m-n}=1$ または $\alpha^{m+n}=1$

$m-n$ を 6 で割った商を k，余りを r とすると $m-n=6k+r$

$\alpha^{6k+r}=1$　　$\alpha^r=1$　$(0\leqq r<6)$

α は 6 乗してはじめて 1 になる数だから $r=0$

$$m-n=6k$$

$\alpha^{m+n}=1$ から同様にして

$$m+n=6k$$

したがって $m^2-n^2=(m+n)(m-n)$ は

☞ **注** α が 6 乗してはじめて 1 になることは，$\alpha=\cos\frac{\pi}{3}\pm i\sin\frac{\pi}{3}$ を用いれば明らかであるが，解 2 のままでは明確ではない．α は $x^2-x+1=0$ の解だから虚数解である．∴ $\alpha\fallingdotseq1$ また $\alpha^2-\alpha+1=0$ から $\alpha^2=\alpha-1\fallingdotseq1$，$\alpha+1$ をかけて，$\alpha^3=-1$，$\alpha^4=-\alpha\fallingdotseq1$，$\alpha^5=-\alpha^2\fallingdotseq1$
以上によって α^1，α^2，……，α^5 は 1 でない．

6の倍数である。

問題62

複素数平面上の原点Oを中心とする円周を5等分する点を順に z_1, z_2, z_3, z_4, z_5 とするとき，次の式の値は一定であることを証明せよ。

$$\frac{z_2}{z_1+z_3}+\frac{z_3}{z_1+z_5}$$

5点が図のように並んでいたとすると，原点を中心に $\frac{2\pi}{5}$ 回転すれば，点 z_1 は z_2 へ，z_2 は z_3 へというように移動する。

この回転は，複素数 $\cos\frac{2\pi}{5}+i\sin\frac{2\pi}{5}$ をかけることと同じ。

$\angle z_1Oz_2=\frac{2\pi}{5}$ のとき

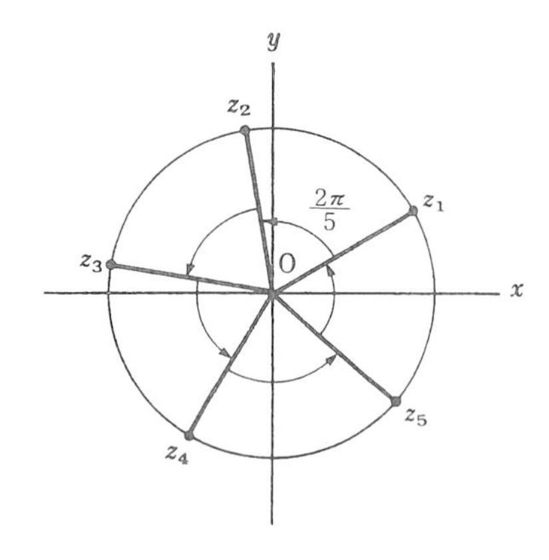

$$\cos\frac{2\pi}{5}+i\sin\frac{2\pi}{5}=\alpha \text{ とおくと } \alpha^5=1$$

しかも，$z_2=z_1\alpha$，$z_3=z_1\alpha^2$，$z_4=z_1\alpha^3$，$z_5=z_1\alpha^4$ と表されるから

$$与式=\frac{z_1\alpha}{z_1+z_1\alpha^2}+\frac{z_1\alpha^2}{z_1+z_1\alpha^4}$$

$$=\frac{\alpha}{1+\alpha^2}+\frac{\alpha^2}{1+\alpha^4}$$

$$=\frac{\alpha(1+\alpha^4)+\alpha^2(1+\alpha^2)}{(1+\alpha^2)(1+\alpha^4)}$$

$$=\frac{\alpha+1+\alpha^2+\alpha^4}{1+\alpha^2+\alpha^4+\alpha}=1$$

問題63

$\left(\cos\frac{2\pi}{7}k,\ \sin\frac{2\pi}{7}k\right)$ を座標とする点を Q_k であらわす。このとき，7個の点 Q_0，Q_1，……，Q_6 によって円周 $x^2+y^2=1$ は7等分される。

平面上の点Pの座標を $(a,\ b)$ とするとき

(1) $S=\frac{1}{7}(\overline{PQ_0}^2+\overline{PQ_1}^2+\cdots\cdots+\overline{PQ_6}^2)$ を求めよ。

(2) Pがどこにあれば，S は最小になるか。

デカルト（実数）平面上の問題として述べてあるが，ガウス（複素数）平面上で考える方が簡単である。$\alpha=\cos\frac{2\pi}{7}+i\sin\frac{2\pi}{7}$ とおくと，Q_0，Q_1，Q_2，……，Q_6 の座標はそれぞれ1，α，α^2，……，α^6 によって表わされ，

この欄を読めば得するよ！

取扱いが簡単になる．しかも $\alpha^7-1=0$ から $\alpha^6+\alpha^5+\cdots\cdots+\alpha+1=0$ を導き，利用すれば，意外な効果がある．

解

(1) $\alpha=\cos\dfrac{2\pi}{7}+i\sin\dfrac{2\pi}{7}$ とおくと，Q_0，Q_1，Q_2，……，Q_6 の座標はそれぞれ 1，α，α^2，……，α^6 である．さらに $a+bi=z$ とおく．

$$\overline{PQ_i}^2=|\alpha^i-z|^2=(\alpha^i-z)(\overline{\alpha}^i-\overline{z})$$
$$=\alpha^i\overline{\alpha}^i-\overline{z}\alpha^i-z\overline{\alpha}^i+z\overline{z}$$
$$=1-\overline{z}\alpha^i-z\overline{\alpha}^i+|z|$$

$$\therefore\quad S=1+|z|-\frac{1}{7}\overline{z}(1+\alpha+\alpha^2+\cdots\cdots+\alpha^6)-\frac{1}{7}z(1+\overline{\alpha}+\overline{\alpha}^2+\cdots\cdots+\overline{\alpha}^6)$$

ところが $\alpha^7-1=(\alpha-1)(\alpha^6+\cdots\cdots+\alpha^2+\alpha+1)=0$，$\alpha\fallingdotseq 1$ から

$$\alpha^6+\cdots\cdots+\alpha^2+\alpha+1=0$$

また両辺の共役複素数をとって

$$\overline{\alpha}^6+\cdots\cdots+\overline{\alpha}^2+\overline{\alpha}+1=0$$

$$\therefore\quad S=1+|z|^2=1+a^2+b^2$$

(2) $S=1+|z|^2$ が最小になるのは $|z|=0$ のときであるから

$$a=b=0$$

よって点 P が原点にあるとき S は最小に

デカルトで行くか，ガウスで行くか．

☞ **注1** 複素数を用いないと

$$\overline{PQ_k}^2=\left(\cos\frac{2k\pi}{7}-a\right)^2+\left(\sin\frac{2k\pi}{7}-b\right)^2$$
$$=1+a^2+b^2-2a\cos\frac{2k\pi}{7}-2b\sin\frac{2k\pi}{7}$$

$$S=1+a^2+b^2-\frac{2a}{7}\left(1+\cos\frac{2\pi}{7}+\cos\frac{4\pi}{7}+\cdots+\cos\frac{12\pi}{7}\right)-\frac{2b}{7}\left(1+\sin\frac{2\pi}{7}+\sin\frac{4\pi}{7}+\cdots+\sin\frac{12\pi}{7}\right)$$

となって，三角関数の数列が現れるのでやっかいである．

☞ **注2** 一般に平面上の n 個の点 Q_1，Q_2，……，Q_n の重心を G，任意の点を P とすると，等式

$$\overline{PQ_1}^2+\overline{PQ_2}^2+\cdots+\overline{PQ_n}^2=\overline{GQ_1}^2+\overline{GQ_2}^2+\cdots+\overline{GQ_n}^2+n\overline{PG}^2$$

の成り立つことが，複素数を用いて証明できる．

なる。

問題64

(1)　a は実数で，z は複素数のとき，次の数列の和を求めよ。

$$1+az+a^2z^2+\cdots\cdots+a^nz^n \quad (az\fallingdotseq 1)$$

(2)　(1)で導いた公式に $z=\cos\theta+i\sin\theta$ を代入し，実部を比較することによって，次の数列の和を求めよ。

$$C_n=1+a\cos\theta+a^2\cos2\theta+\cdots\cdots+a^n\cos n\theta$$

(3)　$|a|<1$ のとき $\lim_{n\to\infty}C_n$ を求めよ。

(4)　(2)で $a=1$ とおいて，次の等式を導け。

$$1+\cos\theta+\cos2\theta+\cdots\cdots+\cos n\theta=\frac{\cos\frac{n\theta}{2}\sin\frac{(n+1)\theta}{2}}{\sin\frac{\theta}{2}}$$

等比数列の和の求め方は，実数でも複素数でも変わらない。

解

(1)　$S_n=1+az+a^2z^2+\cdots\cdots+a^nz^n$　①

$azS_n=az+a^2z^2+\cdots\cdots+a^nz^n+a^{n+1}z^{n+1}$

$(1-az)S_n=1-a^{n+1}z^{n+1}$

$1-az\fallingdotseq 0$　　$\therefore\quad S_n=\dfrac{1-a^{n+1}z^{n+1}}{1-az}$

(2)　S_n の分母を実数に直すため，$\overline{1-az}=1-a\bar{z}$ を分子と分母にかける。

$$S_n=\frac{(1-a\bar{z})(1-a^{n+1}z^{n+1})}{1-a(z+\bar{z})+a^2z\bar{z}} \quad ②$$

この欄を読めば得するよ！

sin，cos の数列の和で極まらば極形式で．

ここで $z=\cos\theta+i\sin\theta$ とおくと

分母 $=1-2a\cos\theta+a^2$

分子

$=\{1-a(\cos\theta-i\sin\theta)\}\{1-a^{n+1}(\cos(n+1)\theta+i\sin(n+1)\theta)\}$

$=\{(1-a\cos\theta)+ia\sin\theta\}\{(1-a^{n+1})\cos(n+1)\theta-ia^{n+1}\sin(n+1)\theta\}$

分子の実部

$=(1-a\cos\theta)\{1-a^{n+1}\cos(n+1)\theta\}+a^{n+2}\sin\theta\sin(n+1)\theta$

$=1-a\cos\theta-a^{n+1}\cos(n+1)\theta+a^{n+2}\{\cos\theta\cos(n+1)\theta+\sin\theta\sin(n+1)\theta\}$

$=1-a\cos\theta-a^{n+1}\cos(n+1)\theta+a^{n+2}\cos n\theta$

$\therefore\quad C_n$

$$=\frac{1-a\cos\theta-a^{n+1}\cos(n+1)\theta+a^{n+2}\cos n\theta}{1-2a\cos\theta+a^2} \quad ③$$

(3) $|a|<1$ だから $n\to\infty$ のとき $a^{n+1}\to 0$, $a^{n+2}\to 0$

$$\therefore\quad \lim_{n\to\infty}C_n=\frac{1-a\cos\theta}{1-2a\cos\theta+a^2}$$

(4) C_n の式で $a=1$ とおくと

$$C_n=\frac{1-\cos\theta-\cos(n+1)\theta+\cos n\theta}{2-2\cos\theta}$$

☞ **注1** (2)において，虚部を比較すれば

$R_n=a\sin\theta+a^2\sin 2\theta+\cdots\cdots+a^n\sin n\theta$

の和を与える公式が導かれる．

$R_n=a\sin\theta-a^{n+1}\sin(n+1)\theta+a^{n+2}\sin n\theta$

とくに $a=1$ とおくことによって

$$\sin\theta+\sin 2\theta+\cdots\cdots\sin n\theta=\frac{\sin\frac{n\theta}{2}\sin\frac{(n+1)\theta}{2}}{\sin\frac{\theta}{2}}$$

☞ **注2** ③の分母の式 $a^2-2a\cos\theta+1$ は重要である．

$a^2-2a\cos\theta+1=0$ を a について解くと

$a=\cos\theta\pm\sqrt{\cos^2\theta-1}$

$=\cos\theta\pm i\sin\theta$

となって，絶対値が1の共役複素数が得られる．したがって

$a+\dfrac{1}{a}=2\cos\theta \Longleftrightarrow a=\cos\theta\pm i\sin\theta$

$$=\frac{2\sin^2\frac{\theta}{2}+2\sin\frac{\theta}{2}\sin\left(n+\frac{1}{2}\right)\theta}{4\sin^2\frac{\theta}{2}}$$

$$=\frac{\sin\frac{\theta}{2}+\sin\left(n+\frac{1}{2}\right)\theta}{2\sin\frac{\theta}{2}}$$

$$=\frac{\cos\frac{n\theta}{2}\times\sin\frac{(n+1)\theta}{2}}{\sin\frac{\theta}{2}}$$

さらに

$$a^n+\frac{1}{a^n}$$
$$=(\cos n\theta\pm i\sin n\theta)$$
$$+(\cos n\theta\mp i\sin n\theta)$$
$$=2\cos n\theta$$

これは入試によく現れる式である．

問題65

$\alpha\beta\gamma$ は複素数のとき，方程式

$$\alpha z+\beta\overline{z}+\gamma=0$$

をみたす複素数 z が存在するための条件を求めよ．

実数のときは簡単で，$ax+by+c=0$ をみたす x，y が存在するのは

$$a\fallingdotseq 0 \text{ or } b\fallingdotseq 0 \text{ or } a=b=c=0$$

の3つの場合である．複素数のときは簡単でない．z と $\overline{z}$ があるので，取扱いに迷う．この種の問題では $\overline{z}$ を消去して，z だけの方程式を導くのが解決の常道である．与えられた方程式は1つであるが，両辺の共役複素数をとると，もう1つの方程式ができる．この方程式をもとの方程式の**共役方程式**という．共役方程式を用いれば $\overline{z}$ は消去され，z だけ

この欄を読めば得するよ！

の１次方程式になり，１次方程式の解の存在条件に帰着する．この条件は，実数の場合と変わらない．

$\alpha z+\beta=0$ が解をもつ条件 ─┬─ $\alpha\neq 0$
　　　　　　　　　　　　　　　└─ $\alpha=\beta=0$

問題は必要十分条件を要求している．逆の証明を忘れないように．

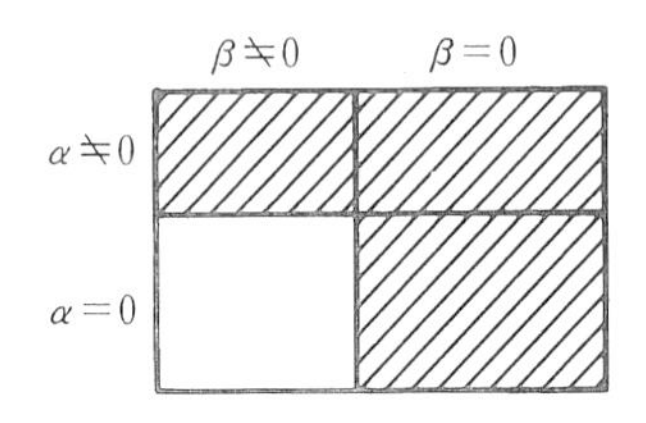

$$\alpha z+\beta\overline{z}+\gamma=0 \qquad ①$$

両辺の共役複素数をとって

$$\overline{\alpha z}+\overline{\beta z}+\overline{\gamma}=0 \qquad ②$$

①×$\overline{\alpha}$－②×β から

$$(\alpha\overline{\alpha}-\beta\overline{\beta})z+\overline{\alpha}\gamma-\beta\overline{\gamma}=0 \qquad ③$$

これが解をもつ条件は

$$\alpha\overline{\alpha}-\beta\overline{\beta}\neq 0$$

または $\overline{\alpha}\gamma-\beta\overline{\gamma}=0$

逆に，これらの条件をみたしていると，③を成立させる z は存在する．そこで③の両辺の共役複素数をとって

$$(\overline{\alpha}\alpha-\overline{\beta}\beta)\overline{z}+\alpha\overline{\gamma}-\overline{\beta}\gamma=0 \qquad ④$$

①と同じ式を作るために③×α＋④×β を作れば

☞ **注1** $\alpha z+\beta=0$ が解をもつ条件は

$$\alpha\neq 0 \text{ or } \alpha=0,\ \beta=0$$

であるが，実際は「$\alpha\neq 0$ or $\beta=0$」と同値である．このことは，不能の条件

$$\alpha=0 \text{ and } \beta\neq 0$$

を否定して導いてみると，一層はっきりしよう．

$$(\alpha\bar{\alpha}-\bar{\beta}\beta)(\alpha z+\beta\bar{z}+\gamma)=0$$

$\alpha\bar{\alpha}-\beta\bar{\beta}\neq 0$ のとき $\alpha z+\beta\bar{z}+\gamma=0$

$\bar{\alpha}\gamma-\beta\bar{\gamma}=0$ のとき

$\gamma=0$ ならば①は $\alpha z+\beta\bar{z}=0$ となり，$z=0$ によってみたされる。

$\gamma\neq 0$ のときは $\bar{\gamma}\neq 0$ だから $\beta=\dfrac{\bar{\alpha}\gamma}{\bar{\gamma}}$，これを①に代入して分母を払うと

$$\alpha\bar{\gamma}z+\bar{\alpha}\gamma\bar{z}+\gamma\bar{\gamma}=0 \quad ⑤$$

$\alpha\neq 0$ ならば $z=-\dfrac{\gamma}{2\alpha}$ によってみたされる。

$\alpha=0$ のときは $\bar{\alpha}\gamma-\beta\bar{\gamma}=0$ から $\beta=0$ となって①は不成立。

答 $\begin{cases}\alpha\bar{\alpha}\neq\beta\bar{\beta}\\ \bar{\alpha}\gamma=\beta\bar{\gamma} \text{ かつ「}\gamma=0 \text{ または } \gamma\neq 0,\\ \alpha\neq 0\text{」}\end{cases}$

☞ **注2** ⑤が解をもつかどうかは，実部と虚部を分離させて考えてもよい．$\alpha\bar{\gamma}=a+bi$，$z=x+yi$ とおく．$\gamma\bar{\gamma}$ は実数だから k $(k\neq 0)$ とおいたのでよい．これらを代入して

$ax-by+\dfrac{k}{2}=0$

解をもつ条件は $a\neq 0$ or $b\neq 0$ すなわち $\alpha\bar{\gamma}\neq 0$，すなわち $\alpha\neq 0$

問題66

複素数平面上に 3 点 A(α)，B(β)，C(γ) を頂点とする三角形があって，周上を A→B→C の順に回れば，時計の針の回転と反対になる。

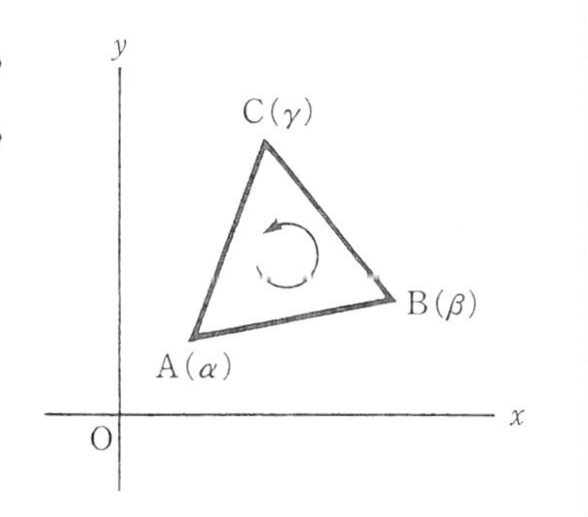

(1) △ABC が正三角形であるための必要十分条件は

$\omega\alpha+\omega^2\beta+\gamma=0$ であることを証明せよ．ただし

$\omega=\cos\frac{2\pi}{3}+i\sin\frac{2\pi}{3}$ とする。

(2) 辺BC，CA，ABを $m:n$ に分ける点をそれぞれD，E，Fとする。このとき「△ABCが正三角形ならば△DEFは正三角形である」を証明せよ。

(3) (2)の命題の逆は正しいか。

△ABCが正三角形ならばAB＝BC，$\angle ABC=\frac{\pi}{3}$ である。これは複素数でみると $\overrightarrow{AB}\cdot\omega=\overrightarrow{BC}$ すなわち $(\beta-\alpha)\omega=\gamma-\beta$。このように手ぎわよくやりたいものだ。

問題の順序からみて，(2)は(1)の応用，さらに(3)は(2)の応用とみるのが自然である。初等幾何で考えても，(2)はうまくいくが，(3)で行詰まるだろう。

この欄を読めば得するよ！

(1) △ABCが正三角形ならば $\overrightarrow{AB}=\beta-\alpha$ の向きを $\frac{2\pi}{3}$ かえたものが $\overrightarrow{BC}=\gamma-\beta$ になるから $(\beta-\alpha)\omega=\gamma-\beta$

$$\omega\alpha-(1+\omega)\beta+\gamma=0$$

ところが $\omega^2+\omega+1=0$ だから

$\omega\alpha+\omega^2\beta+\gamma=0$

(2) D，E，Fの座標をそれぞれ α'，β'，γ' とすると

$\alpha'=\frac{m\gamma+n\beta}{m+n}$，$\beta'=\frac{m\alpha+n\gamma}{m+n}$，

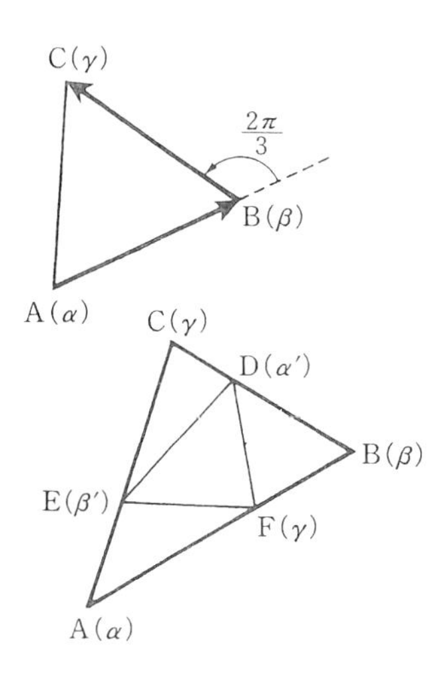

$$\gamma' = \frac{m\beta + n\alpha}{m+n}$$

$$\therefore \quad \omega\alpha' + \omega^2\beta' + \gamma'$$

$$= \frac{m(\omega^2\alpha + \beta + \omega\gamma) + n(\alpha + \omega\beta + \omega^2\gamma)}{m+n}$$

$$\therefore \quad \omega\alpha' + \omega^2\beta + \gamma'$$

$$= \frac{m\omega + n\omega^2}{n+n}(\omega\alpha + \omega^2\beta + \gamma)$$

$$\therefore \quad \omega\alpha + \omega^2\beta + \gamma = 0$$

ならば $\omega\alpha' + \omega^2\beta' + \gamma' = 0$　①

よって△ABCが正三角形ならば，△DEFも正三角形である。

(3)　①の逆も成り立つから，△DEFが正三角形ならば，△ABCも正三角形である。

問題67

変数 t がすべての実数値をとってかわるとき，

$$z=\frac{t+i}{t-i} \qquad (i=\sqrt{-1})$$

によって表される点 z は，複素数平面上でどんな曲線をえがくか。

t を消去することを考える．しかし，それで万事終りとはいかない．t を消去して導いた方程式は，必要条件であるが，十分条件かどうかわからない．十分条件であるかどうかをみる方法は2つ考えられる．1つは，逆が成り立つかどうかををみる方法，もう1つは，与えられた式を満たす実数 t が存在するための条件を追加することである．消去の場合は

もし $z=\dfrac{t+i}{t-i}$ をみたす t があるならば，……

というように，t の存在を仮定した上での消去であるから，t の存在そのものは別に吟味しなければならない．

$z=x+yi$ とおくと

$$x+yi=\frac{t+i}{t-i}$$

分母を払って $(x+yi)(t-i)=t+i$

$$(xt+y)+(yt-x)i=t+i$$

$$\begin{cases} xt+y=t & ① \\ yt-x=1 & ② \end{cases}$$

②から $yt=x+1$

　$y=0$ のときは $x=-1$,

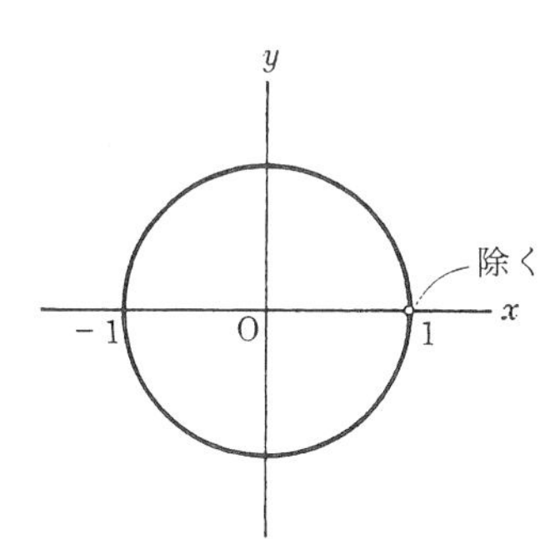

①から $t=0$

　$y=0$ のときは $t=\dfrac{x+1}{y}$,

これを①に代入して

$$(x-1)\frac{x+1}{y}+y=0$$

$$x^2+y^2=1$$

よって，$(x,\ y)$ のみたす方程式は

$$\begin{cases} y=0,\ x=-1 \\ y\neq 0,\ x^2+y^2=1 \end{cases}$$

　求める曲線は，原点を中心とする半径1の円から，点 $(1,\ 0)$ を除いた曲線である．

解2

　$z=x+yi$ とおくと

$$x+yi=\frac{t+i}{t-i}=\frac{(t+i)^2}{(t-i)(t+i)}$$

軌跡では，1つの点も見落すな．

$$=\frac{t^2-1+2ti}{t^2+1}$$

$$\therefore\quad x=\frac{t^2-1}{t^2+1} \qquad ①$$

$$y=\frac{2t}{t^2+1} \qquad ②$$

①から $1-x=\dfrac{2}{t^2+1}$

これと②から $y=t(1-x)$

$x=1$ のとき $y=0$，②から $t=0$，①をみたさない。

$x\fallingdotseq 1$ のとき $t=\dfrac{y}{1-x}$ これを①に代入する

$$(x-1)\left(\frac{y}{1-x}\right)^2+1+x=0$$

$$y^2-1+x^2=0 \qquad \therefore\quad x^2+y^2=1$$

よって $(x,\ y)$ のみたす方程式は

$x\fallingdotseq 1,\ x^2+y^2=1$

グラフは解1と同じだから略す．

解3

$z=\dfrac{t+i}{t-i}$ から $z(t-i)=t+i$

$$t(z-1)=(z+1)i$$

$z=1$ とすると $t\cdot 0=2i$ となって成立しない．よって，これをみたす t が存在するための条件は $z\fallingdotseq 1$，このとき

$$t=\frac{z+1}{z-1}i \qquad ①$$

両辺の共役複素数をとると

☞ **注1** 実数 t の変化にともなって，点 z がどのように運動するかをみるような問題では，2つの関数

$x=\dfrac{t^2-1}{t^2+1}=1-\dfrac{2}{t^2+1}$，

$y=\dfrac{2t}{t^2+1}$

の変化のようすを調べればよい．

前頁のグラフを参考にしてみると，t の変化にともなって，点 z は図のように運動することがわかる．

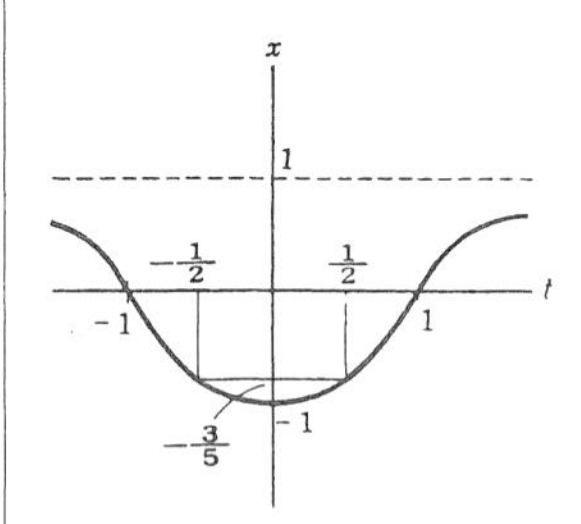

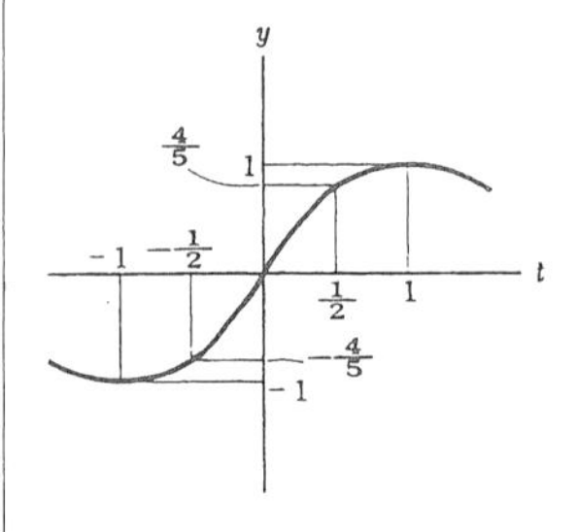

$$t=-\frac{\bar{z}+1}{\bar{z}-1}i \qquad ②$$

①，②から t を消去して

$$\frac{z+1}{z-1}i+\frac{\bar{z}+1}{\bar{z}-1}i=0$$

$$\therefore \quad z\bar{z}=1 \qquad \therefore \quad |z|=1$$

z のみたす方程式は $|z|=1$，$z\fallingdotseq 1$（図は略す）

（注２の図）

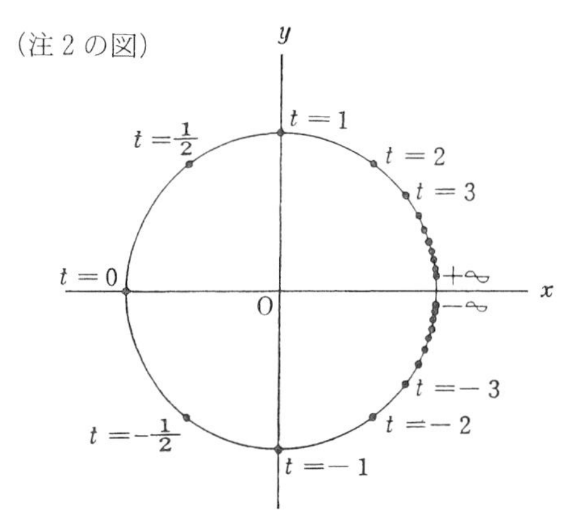

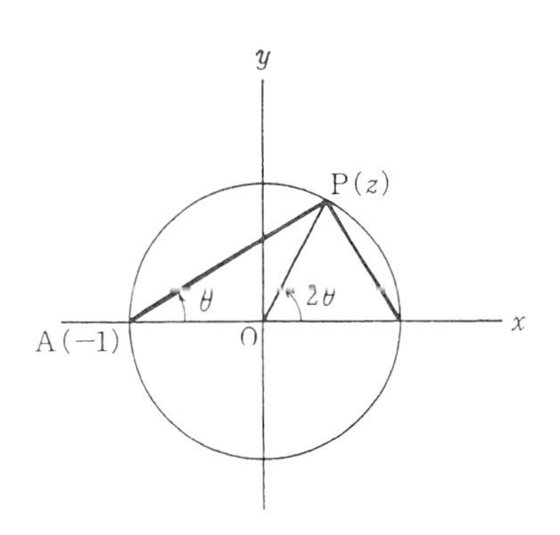

☞ **注２** 点 z の運動は $t=\cot\theta\left(-\frac{\pi}{2}\leqq\theta<0,\ 0<\theta<\frac{\pi}{2}\right)$ とおいて調べてもよい．このときは θ の変化にともなう点 z の運動のようすが明らかになる．

$$x=\frac{\cot^2\theta-1}{\cot^2\theta+1}=\cos 2\theta$$

$$y=\frac{2\cot\theta}{\cot^2\theta+1}=\sin 2\theta$$

幾何学的にみると，θ は $\angle$OAP の大きさである．

問題68

$a(a-2)+b^2=0$, $(a \fallingdotseq 0)$ をみたすどんな複素数 $a+bi$ も,

$$a+bi=\frac{2}{1-ci} \qquad (c \text{ は実数})$$

と表されることを証明せよ.

いろいろの解き方が考えられる. 左辺を変形して右辺を導く方法, 極形式を用いる方法, 上の等式が成り立つとして, c を求める方法など.

解1

$$a+bi=\frac{a^2+b^2}{a-bi}=\frac{a^2-a(a-2)}{a-bi}$$

$$=\frac{2a}{a-bi}$$

仮定によって $a \fallingdotseq 0$

$$\therefore \quad a+bi=\frac{2}{1-\frac{b}{a}i}=\frac{2}{1-ci}\left(c=\frac{b}{a}\right)$$

解2

$a+bi=\dfrac{2}{1-ci}$ となったとすると

$$(a+bi)(1-ci)=2$$

$$\therefore \quad a+bc=2 \qquad ① \qquad b-ac=0 \qquad ②$$

仮定によって $a \fallingdotseq 0$ だから②から $c=\dfrac{b}{a}$,

これを①に代入すると

$$a+b\cdot\frac{b}{a}=2 \qquad \therefore \quad a(a-2)+b^2=0$$

これは仮定によって成り立つ．よって①，②を同時にみたす c が存在する．①②から計算を逆にたどると，最初の式に達するから，最初の等式は正しい．

解 3

仮定 $a(a-2)+b^2=0$ から

$$(a-1)^2+b^2=1$$

点 $\mathrm{P}(a,\ b)$ は，中心 $(1,\ 0)$，半径 1 の円上ある．OP が a 軸となす角を θ とすると，図から

$a=1+\cos 2\theta=2\cos^2\theta$

$b=\sin 2\theta=2\sin\theta\cos\theta$

$$\therefore\quad a+bi=2\cos\theta(\cos\theta+i\sin\theta)$$

$$=\frac{2\cos\theta}{\cos\theta-i\sin\theta}$$

よって $\tan\theta=c$ とおくと

$$a+bi=\frac{2}{1-ci}$$

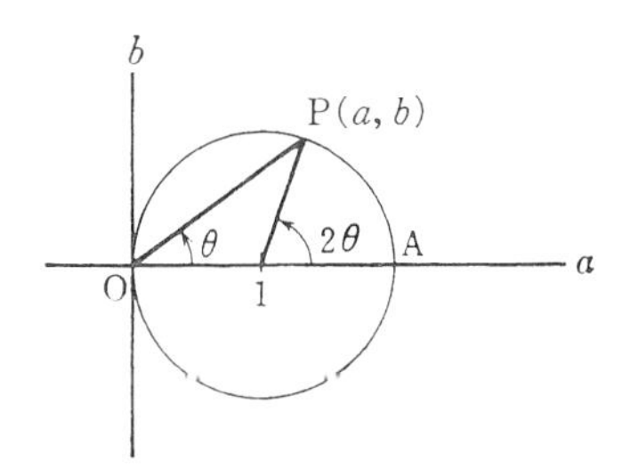

問題69

α，β は異なる複素数で，t はすべての実数値をとって変わるとき，

$$z=\frac{\alpha-\beta ti}{1-ti} \qquad (i=\sqrt{-1})$$

によって表される点 z は，複素数平面上で，どんな曲線をえがくか。

$z=x+yi$，$\alpha=a+bi$，$\beta=c+di$ とおいて，実部と虚部に分けて解くのが，オーソドックスではあるが，計算が相当うるさい。分母を払ってから，共役方程式を利用して，t を消去するのが無難であろう。その他いろいろの解き方が考えられる。

解1

分母を払って，変形すると

$$z-\alpha=ti(z-\beta) \qquad ①$$

$z-\beta=0$ とすると $z-\alpha=0$，$\alpha=\beta$ となって仮定に反する。したがって①をみたす t が存在するためには

$$z \fallingdotseq \beta$$

①の両辺の共役複素数をとると

$$\bar{z}-\bar{\alpha}=-ti(\bar{z}-\bar{\beta}) \qquad ②$$

①と②から t を消去して

$$(z-\alpha)(\bar{z}-\bar{\beta})+(z-\beta)(\bar{z}-\bar{\alpha})=0$$

$$z\bar{z}-\frac{\alpha+\beta}{2}\bar{z}-\frac{\bar{\alpha}+\bar{\beta}}{2}z+\frac{a\bar{\beta}+\alpha\bar{\beta}}{2}=0$$

$$\left(z-\frac{\alpha+\beta}{2}\right)\left(\bar{z}-\frac{\bar{\alpha}+\bar{\beta}}{2}\right)$$

$$=\frac{(\alpha+\beta)(\bar{\alpha}+\bar{\beta})}{4}-\frac{\bar{\alpha}\beta+\alpha\bar{\beta}}{2}$$

$$\left(z-\frac{\alpha+\beta}{2}\right)\left(\bar{z}-\frac{\bar{\alpha}+\bar{\beta}}{2}\right)$$

$$=\frac{(\alpha-\beta)(\bar{\alpha}-\bar{\beta})}{4}$$

$$\left|z-\frac{\alpha+\beta}{2}\right|^2=\frac{|\alpha-\beta|^2}{4}$$

$$\therefore\quad\left|z-\frac{\alpha+\beta}{2}\right|=\frac{|\alpha-\beta|}{2}$$

求める曲線は，２点 α，β を直径の両端とする円周から，点 β を除いたものである．

解 2

かきかえて

$\alpha-z=ti(\beta-z)$ ①

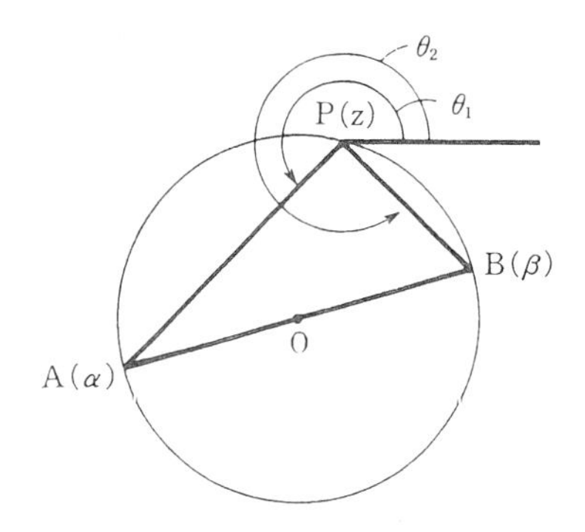

t が存在することから

$z\neq\beta$

$$\frac{\alpha - z}{\beta - z} = ti$$

(i)　$z \neq \alpha$ のとき

$$\arg(\alpha - z) - \arg(\beta - z)$$
$$= \arg ti = \pm\frac{\pi}{2} + 2n\pi$$

　α, β, z を座標とする点を A, B, P とすると，$\arg(\alpha - z) = \theta_1$, $\arg(\beta - z) = \theta_2$ は PA, PB の方向角であるから

$$\theta_1 - \theta_2 = \pm\frac{\pi}{2} + 2n\pi \text{ から } \mathrm{PA} \perp \mathrm{PB}$$

　P は線分 AB を直径とする円周上にある．

(ii)　$z = \alpha$ のとき

　$t = 0$ とすると①は成り立ち，点 z は点 α に一致する．

　以上から，求める曲線は，2 点 α, β を結ぶ線分を直径とする円周である．ただし点 β は除く．

解 3

$$z - \frac{\alpha + \beta}{2}$$
$$= \frac{\alpha - \beta ti}{1 - ti} - \frac{\alpha + \beta}{2}$$
$$= \frac{2(\alpha - \beta ti) - (\alpha + \beta)(1 - ti)}{2(1 - ti)}$$
$$= \frac{(\alpha - \beta)(1 + ti)}{2(1 - ti)}$$

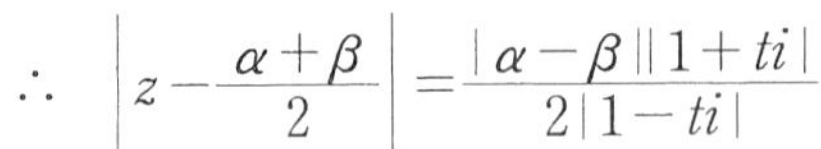

$$\therefore \quad \left| z - \frac{\alpha + \beta}{2} \right| = \frac{|\alpha - \beta||1 + ti|}{2|1 - ti|}$$

複素数一見方をかえるとベクトル．

☞ **注** 複素数平面上の 2 点を $\mathrm{A}(\alpha)$, $\mathrm{B}(\beta)$ とすると，ベクトル

$\overrightarrow{\mathrm{AB}} = \beta - \alpha$

$|\overrightarrow{\mathrm{AB}}| = |\beta - \alpha|$

$\overrightarrow{\mathrm{AB}}$ の方向角

$= \arg(\beta - \alpha)$

$= \theta + 2n\pi \ (0 \leqq \theta < 2\pi)$

以上は，複素数平面を取り扱うときの，重要な基礎知識である．

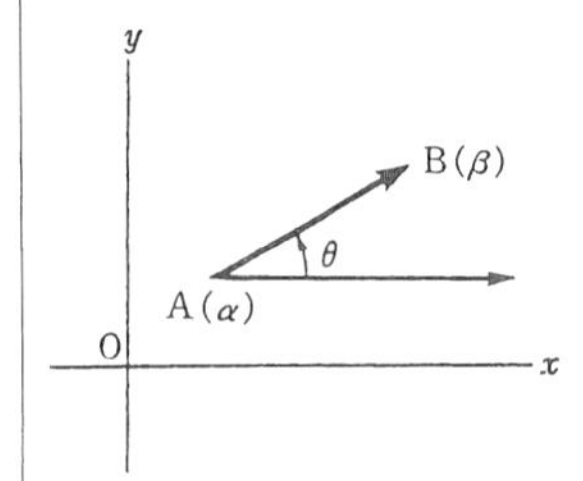

$$=\frac{|\alpha-\beta|}{2}$$

なお解1と同様にして

$z \fallingdotseq \beta$

よって，求める曲線は，2点 α，β を直径とする円から点Bを除いたものである．

問題70

複素数平面上に，中心が $A(\alpha)$ で，半径が r の円がある．Aと異なる任意の点 $P(z)$ と，半直線AP上に点 $Q(w)$ をとって

$$AP \cdot AQ = r^2$$

となるようにする．このとき，z に w を対応させる写像を表す式を求めよ．

実際はすごく簡単なのだが，苦手な学生が多いようだ．原因は複素数平面で，複素数はベクトルを表すことの理解不足にある．現在の高校では，複素数と点との対応だけを重視し，ベクトルとの対応が無視されている．図

この欄を読めば得するよ！

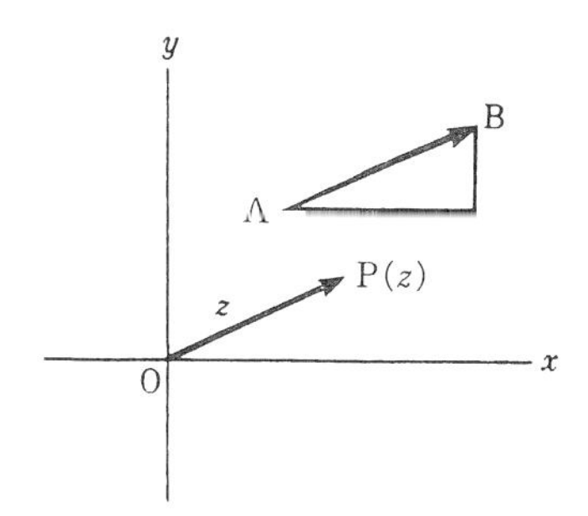

で，複素数 z はPの位置を表すと同時に，有向線分 $\overrightarrow{\mathrm{OP}}$ を表す．また任意の有向線分 $\overrightarrow{\mathrm{AB}}$ を表すとみることも許されるから，一般にベクトルを表すとみると好都合なのだ．

$z=x+yi$ とおくと，$\overrightarrow{\mathrm{AB}}$ の成分表示は (x, y) になる。

また，極形式を用い $z=r(\cos\theta+i\sin\theta)$ とおくと，$\overrightarrow{\mathrm{AB}}$ は r，θ で定まるから，順序対 (r, θ) で表されるとみてもよい．

解1

$$\overrightarrow{\mathrm{AP}}=\overrightarrow{\mathrm{OP}}-\overrightarrow{\mathrm{OA}}=z-\alpha$$

同様にして $\overrightarrow{\mathrm{AQ}}=w-\alpha$

これらのベクトルが x 軸となす角を θ とすると

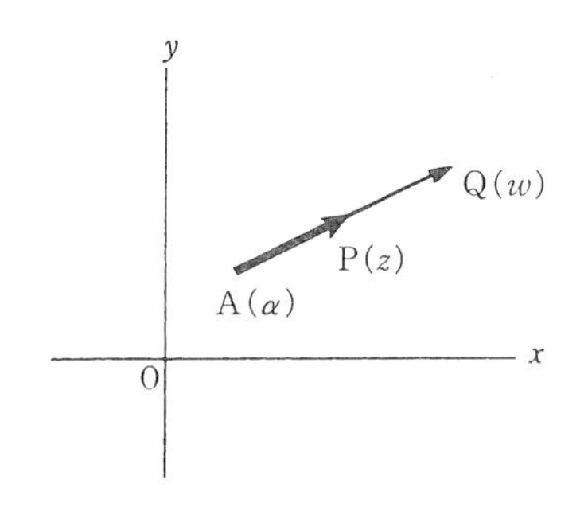

$$z-\alpha=\mathrm{AP}(\cos\theta+i\sin\theta) \quad ①$$

$$w-\alpha=\mathrm{AQ}(\cos\theta+i\sin\theta) \quad ②$$

仮定から

$$\mathrm{AP}\cdot\mathrm{AQ}=r^2 \quad ③$$

以上の3式から，AP，AQ，θ を消去す

☞ **注1** 解1より解2の方が高校生向きかもしれないが，複素数の使い方としては，パットしない．解1に慣れるのが望ましい．

る．それには①の両辺の共役複素数をとると簡単である．

$$\bar{z}-\bar{\alpha}=\mathrm{AP}(\cos\theta-i\sin\theta) \qquad ①'$$

②×①′ から

$$(w-\alpha)(\bar{z}-\bar{\alpha})=\mathrm{AP}\cdot\mathrm{AQ}$$

③を用いてから，w について解いて

$$w=\alpha+\frac{r^2}{\bar{z}-\bar{\alpha}}$$

解 2

$\overrightarrow{\mathrm{AP}}$ と $\overrightarrow{\mathrm{AQ}}$ は同じ向きだから

$\overrightarrow{\mathrm{AQ}}=k\overrightarrow{\mathrm{AP}} \qquad \therefore \quad w-\alpha=k(z-\alpha) \qquad ①$

仮定 $\mathrm{AP}\cdot\mathrm{AQ}=r^2$ から

$$|w-\alpha||z-\alpha|=r^2 \qquad ②$$

①を②に代入して

$$k|z-\alpha|^2=r^2 \qquad k=\frac{r^2}{|z-\alpha|^2}$$

これを①に代入して

$$w-\alpha=\frac{r^2(z-\alpha)}{|z-\alpha|^2}=\frac{r^2(z-\alpha)}{(z-\alpha)(\bar{z}-\bar{\alpha})}$$

$$=\frac{r^2}{\bar{z}-\bar{\alpha}} \qquad \therefore \quad w=\alpha+\frac{r^2}{\bar{z}-\bar{\alpha}}$$

☞ **注2** α，γ を一定にしておくと，複素数平面上の任意の点 z（ただし $z\neq\alpha$）に，点 w が一意に定まるから，写像がえられる．この写像は**反転**または**鏡像**と呼ばれており，応用数学では重要なものである．反転によって，円または直線は，円または直線に移されることが知られている．次の問題がその一例である．

問題71

複素数平面上で，実軸上の点 A(2) を通り，虚軸に平行な直線 g 上の任意の点を P(z) とする．原点 O からひいた半直線 OP 上に点 Q(w) をとって OP・OQ＝2 となるようにするとき，点 Q の軌跡の方程式を，次の 2 通りに表わせ．

(1) 複素数で表す

(2) $w=x+yi$ とおいて，x，y で表す．

g の方程式を z で表すことで，つまずく学生が意外と多い．z の実部は $\dfrac{z+\bar{z}}{2}$ で表わされる．したがって $\dfrac{z+\bar{z}}{2}=2$ すなわち $z+\bar{z}=4$ が g の方程式である．

w を z で表す方法については，前問を参照のこと．

(1) $\overrightarrow{OP}=z$，$\overrightarrow{OQ}=w$ の偏角を θ とおくと

$z=OP(\cos\theta+i\sin\theta)$

$w=OQ(\cos\theta+i\sin\theta)$

$\therefore\quad \bar{z}=OP(\cos\theta-i\sin\theta)$

$w\bar{z}=OP\cdot OQ$

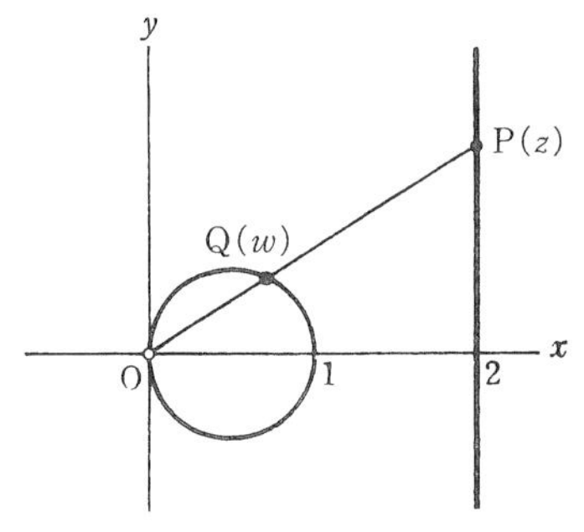

仮定によって

OP・OQ＝2 であるから

$w\bar{z}=2$ ①

この欄を読めば得するよ！

☞ 注 軌跡が円であることを，(1)の方程式で直接示す場合は，次の変形を行う．

$w\bar{w}-\dfrac{w}{2}-\dfrac{\bar{w}}{2}+\dfrac{1}{4}=\dfrac{1}{4}$

$\left(w-\dfrac{1}{2}\right)\left(\bar{w}-\dfrac{1}{2}\right)=\dfrac{1}{4}$，

$\left|w-\dfrac{1}{2}\right|=\dfrac{1}{2}\ (w\neq 0)$

よって中心が $C\left(\dfrac{1}{2}\right)$，半径 $\dfrac{1}{2}$ の円から，原点を除いたもの．

一方 z の実部は 2 であるから

$$z+\overline{z}=4 \quad ②$$

①から $w\neq 0$ $\therefore$ $\overline{z}=\dfrac{2}{w}$，$z=\dfrac{2}{\overline{w}}$，これらを②に代入して

$$\frac{2}{w}+\frac{2}{\overline{w}}=4$$

$$2w\overline{w}-w-\overline{w}=0 \quad (w\neq 0)$$

(2) $w=x+yi$ とおくと

$$2(x+yi)(x-yi)-x-yi+x+yi=0$$

$$x^2+y^2-x=0$$

$w\neq 0$ から $x\neq 0$ or $y\neq 0$，ところが $y^2=x(1-x)$ であるから，$y\neq 0$ ならば $x\neq 0$ となるから

$$x\neq 0 \text{ or } y\neq 0 \Longleftrightarrow x\neq 0$$

よって求める方程式は

$$x^2+y^2-x=0 \quad (x\neq 0)$$

問題72

変数 t がすべての実数値をとるとき，次の式で表される複素数 z の表す点は，複素数平面上で，どんな図形をえがくか．

$$z=t+\sqrt{1-t^2}$$

$z=x+yi=t+\sqrt{1-t^2}$ とおいて実部と虚部を分離する．
$1-t^2$ の符号によって，z の実部と虚部は変わることに注意しよう．

この欄を読めば得するよ！

解

$1-t^2<0$ のとき

$$x+yi=t+i\sqrt{t^2-1}$$

$$\therefore\quad x=t,\ \ y=\sqrt{t^2-1}$$

$$y=\sqrt{x^2-1},\ \ y>0$$

$1-t^2\geqq 0$ のとき

$$x=t+\sqrt{1-t^2},\ \ y=0$$

$-1\leqq t\leqq 1$ であるから

$$t=\cos\theta\ \ (0\leqq\theta\leqq\pi)$$

とおくことができる。

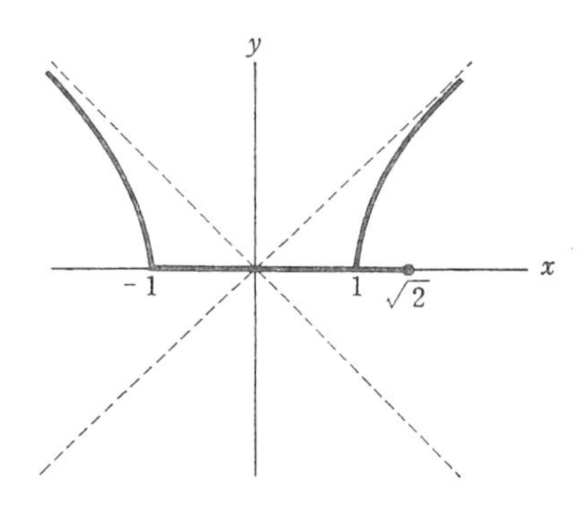

このとき

$$x=\cos\theta+\sqrt{\sin^2\theta}=\cos\theta+\sin\theta$$

$$=\sqrt{2}\sin\left(\frac{\pi}{4}+\theta\right)$$

$$\frac{\pi}{4}\leqq\frac{\pi}{4}+\theta<\pi+\frac{\pi}{4}$$

から $-1\leqq x\leqq\sqrt{2}$

§8. 微　分　法

問題73

関数 $f(x)=32x^6-48x^4+18x^2-1$ について，次の問に答えよ．

(1) $|x|\leqq 1$ ならば $|f(x)|\leqq 1$

(2) $f(x)=0$ の解はすべて実数で，それらの絶対値は 1 より小さい．

微分法によって，変化のようすを調べる．

解

(i) $f(x)=32x^6-48x^4+18x^2-1$

$$f'(x)=192x^5-192x^3+36x$$

$$=192x\left(x^2-\frac{1}{4}\right)\left(x^2-\frac{3}{4}\right)$$

x	-1	$\cdots$	$-\frac{\sqrt{3}}{2}$	$\cdots$	$-\frac{1}{2}$	$\cdots$	0	$\cdots$	$\frac{1}{2}$	$\cdots$	$\frac{\sqrt{3}}{2}$	$\cdots$	1
$f'(x)$		$-$	0	$+$	0	$-$	0	$+$	0	$-$	0	$+$	1
$f(x)$	1	↘	-1 極小	↗	1 極大	↘	-1 極小	↗	1 極大	↘	-1 極小	↗	1

$f(0)=-1$，$f\left(\pm\frac{1}{2}\right)=1$

$f\left(\pm\frac{\sqrt{3}}{2}\right)=-1$，$f(\pm 1)=1$

$\therefore$ $|x|\leqq 1$ のとき $|f(x)\leqq 1$

(ii) $f(-1)>0$，$f\left(-\frac{\sqrt{3}}{2}\right)<0$ で，区間 $\left[-1,\ -\frac{\sqrt{3}}{2}\right]$ で単調減少であるから，-1 と $-\frac{\sqrt{3}}{2}$ の間に 1 つの実数解が

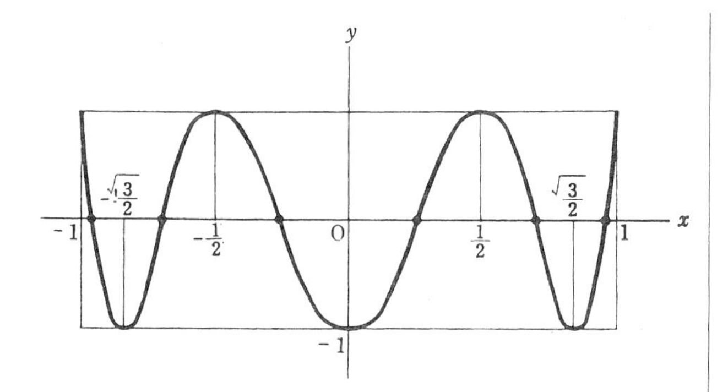

ある．同様の理由で $-\frac{\sqrt{3}}{2}$，$-\frac{1}{2}$，0，$\frac{1}{2}$，$\frac{\sqrt{3}}{2}$，1の間にそれぞれ1つの実数解があるから，6つの実数解がある．よって，$f(x)=0$ の解はすべて実数解で，それらの絶対値は1より小さい．

問題74

$f(x)=\dfrac{ax+b}{cx+d}$ （a，b，c，d は実数で $ad-bc\neq 0$）とする．

t についての方程式 $t=f(t)$ が，異なる2つの解をもつとき，それらを α，β とする．このとき，次のことを証明せよ．

(1) $f'(\alpha)\cdot f'(\beta)$ は一定である．

(2) $|f'(\alpha)|<1$ ならば $|f'(\beta)|>1$ である．

(1) 解と係数の関係を用いる．(2)は独立に証明することができるが，(1)の結果を使うと簡単である．

解

(1) $f'(x)=\dfrac{a(cx+d)-(ax+b)c}{(cx+d)^2}$

$=\dfrac{ad-bc}{(cx+d)^2}$

$\therefore\quad f'(\alpha)\cdot f'(\beta)=\dfrac{(ad-bc)^2}{\{(c\alpha+d)(c\beta+d)\}^2}$

$t=f(t)$ の分母を払って，移項すれば，

$$ct^2-(a-d)t-b=0$$

α，β は，この方程式の 2 つの解であるから

$$c(\alpha+\beta)=a-d,\quad c\alpha\beta=-b$$

$\therefore\quad (c\alpha+d)(c\beta+d)$

$=c^2\alpha\beta+cd(\alpha+\beta)+d^2$

$=c(-b)+d(a-d)+d^2$

$=ad-bc$

$\therefore\quad f'(\alpha)\cdot f'(\beta)=1$

(2) 上の式から $|f'(\alpha)||f'(\beta)|=1$，したがって

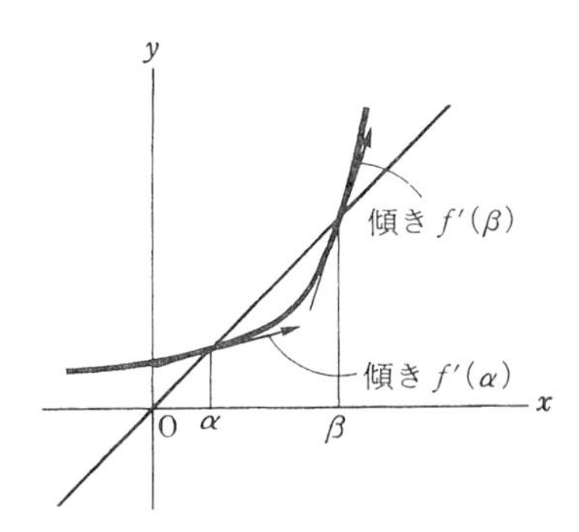

☞ **注** この問題は，漸化式

$x_{n+1}=\dfrac{ax_n+b}{cx_n+d}\,(ad-bc\fallingdotseq 0)$

によって与えられた数列 $\{x_n\}$ の収束，発散と深い関係がある．

この数列は，$|f'(\alpha)|<1$ のとき α に収束し，β には収束しない．

また $|f'(\beta)|<1$ のときは，β に収束し，α には収束しない．

練習として，次の問題の研究をすすめたい．

(1) $\alpha=\dfrac{a\alpha+b}{c\alpha+d}$，

$\beta=\dfrac{a\beta+b}{c\beta+d}$ を用いて，

次の等式を導け．

$$\frac{x_{n+1}-\alpha}{x_{n+1}-\beta}=K\frac{x_n-\alpha}{x_n-\beta}$$

（K は定数）

(2) $K^2=\dfrac{f'(\alpha)}{f'(\beta)}$ を証明せよ．

(3) $|f'(\alpha)|<1$ のとき，数列 $\{x_n\}$ は α に収束することを証明せよ．

$$|f'(\alpha)|<1 \text{ のとき } |f'(\beta)|>1$$

問題75

n が正の整数のとき，$0<x<1$ をみたすすべての x に対して，

$$0<\sqrt[n+1]{x}-\sqrt[n]{x} \leqq \frac{n^n}{(n+1)^{n+1}}$$

が成り立つことを証明せよ．

$f(x)=\sqrt[n+1]{x}-\sqrt[n]{x}$ とおき，微分法によって，最大値を求める．

解

$$f(x)=\sqrt[n+1]{x}-\sqrt[n]{x}=x^{\frac{1}{n+1}}-x^{\frac{1}{n}}$$

とおくと

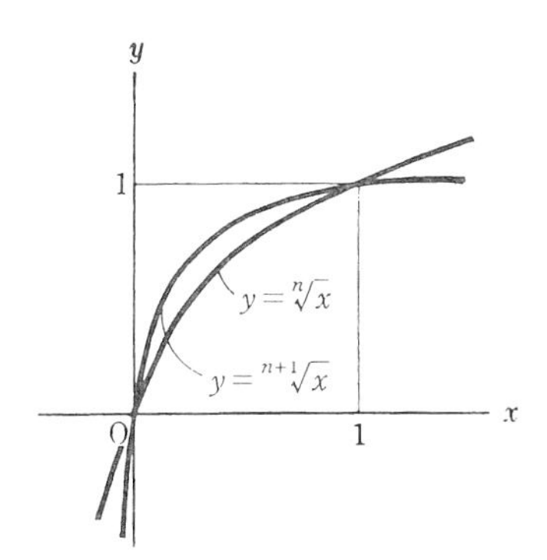

$$f'(x)=\frac{1}{n+1}x^{\frac{1}{n+1}-1}-\frac{1}{n}x^{\frac{1}{n}-1}$$

$$=\frac{1}{x}\left(\frac{x^{\frac{1}{n+1}}}{n+1}-\frac{x^{\frac{1}{n}}}{n}\right)$$

$$=\frac{x^{\frac{1}{n+1}}}{nx}\left(\frac{n}{n+1}-x^{\frac{1}{n(n+1)}}\right)$$

$x^{\frac{1}{n(n+1)}}=\dfrac{n}{n+1}$ すなわち

$$x=\left(\frac{n}{n+1}\right)^{n(n+1)}$$

のとき，$f(x)$ は最大で，

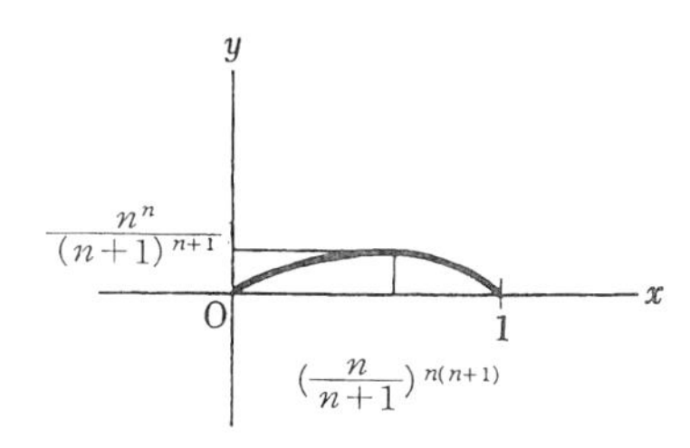

$$f_{\max}(x)=\left(\frac{n}{n+1}\right)^{n}-\left(\frac{n}{n+1}\right)^{n+1}$$

$$=\frac{n^n}{(n+1)^{n+1}}$$

$$\therefore\quad 0<\sqrt[n+1]{x}-\sqrt[n]{x}\leqq\frac{n^n}{(n+1)^{n+1}}$$

問題76

n は 2 以上の自然数で，x，y を実数とするとき

$$k(|x|^n+|y|^n)^{\frac{1}{n}}\leqq|x|+|y|\leqq l(|x|^n+|y|^n)^{\frac{1}{n}}$$

がつねに成り立つような k の最大値，l の最小値を求めよ。

各辺を n 乗して，分数指数を除いて，取扱いやすくする。次に $|x|/|y|=t$ とおいて，

1変数の関数にかえれば，関数

$f(t)=(t+1)^n/t^n+1\ (t\geqq 0)$

の最大値，最小値を求めることに帰着できる。

k，l は正の範囲で考えたのでよいから，両辺を n 乗しても不等号の向きは変わらない。

$$k^n(|x|^n+|y|^n)\leqq(|x|+|y|)^n \leqq l^n(|x|^n+|y|^n)$$

$x=y=0$ のときは k，l は任意でよい。

$x\fallingdotseq 0$ または $y\fallingdotseq 0$ のとき，x，y についての対称式であるから $y\fallingdotseq 0$ としても一般性を失わない。このとき $|x|^n+|y|^n\fallingdotseq 0$

$$\therefore\quad k^n\leqq\frac{(|x|+|y|)^n}{|x|^n+|y|^n}\leqq l^n$$

$|x|/|y|=t$ とおくと

$$k^n\leqq\frac{(t+1)^n}{t^n+1}\leqq l^n$$

$f(t)=\dfrac{(t+1)^n}{t^n+1}\ (t\geqq 0)$ とおくと

$$f'(t)$$
$$=\frac{n(t+1)^{n-1}(t^n+1)-(t+1)^n\cdot nt^{n-1}}{(t^n+1)^2}$$
$$=\frac{n(t+1)^{n-1}(1-t^{n-1})}{(t^n+1)^2}$$

t	0	……	1	……
$f'(t)$		+	0	−
$f(t)$	1	↗	最大	↘

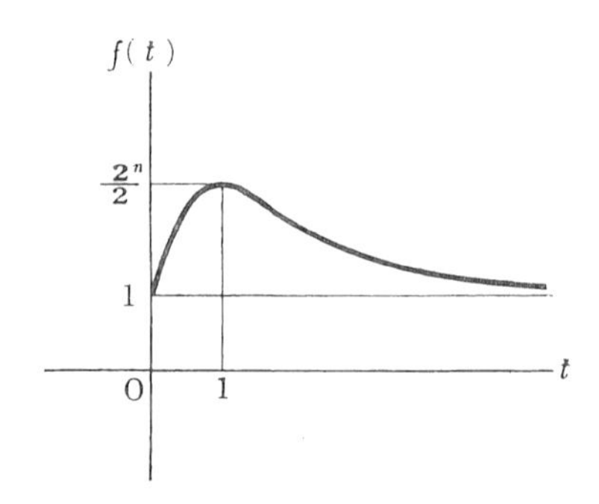

グラフから

$$1 \leqq f(t) \leqq \frac{2^n}{2}$$

よって $k^n \leqq 1$, $\frac{2^n}{2} \leqq l^n$

$$\therefore \quad k \leqq 1, \ \frac{2}{\sqrt[n]{2}} \leqq l$$

k の最大値は 1，l の最小値は $\frac{2}{\sqrt[n]{2}}$

問題77

$f_n(x)$ は x の n 次の整関数で，$f_{n-1}(x)$ は $f_n(x)$ の最高次の項を除いた関数を表わす．これらの関数が

$$f_n'(x) = f_{n-1}(x), \quad f_n(0) = 1$$

をみたすとき，次の問に答えよ．

(1) $f_n(x)$ を求めよ．

(2) $f_3(x) = 0$ は実数解をもつか．もつときは，その符号と個数を明らかにせよ．

(3) $f_4(x) = 0$ についても，同様のことを調べよ．

$f_n(x)=a_0+a_1x+\cdots\cdots+a_{n-1}x^{n-1}+a_nx^n$ とおいて，与えられた条件を用いて a_0，a_1，……，a_n の値を決定する．実数解のことを調べるには，関数の変化による．

(1) $f_n(x)=a_0+a_1x+a_2x^2+\cdots\cdots$
$$+a_{n-1}x^{n-1}+a_nx^n$$

とおくと，与えられた条件から

$$a_1+2a_2x+\cdots\cdots+na_nx^{n-1}$$
$$=a_0+a_1x+\cdots\cdots+a_{n-1}x^{n-1}$$

これは，x のすべての実数値に対して成り立つから

$a_1=a_0$，$2a_2=a_1$，$3a_3=a_2$，……，

$na_n=a_{n-1}$

$f_n(0)=1$ から $a_0=1$

$$\therefore\quad a_1=1,\ a_2=\frac{a_1}{2}=\frac{1}{2!},$$
$$a_3=\frac{a_2}{3}=\frac{1}{3!},\cdots\cdots$$
$$\cdots\cdots,\ a_n=\frac{a_{n-1}}{n}=\frac{1}{n!}$$

よって

$$f_n(x)=1+\frac{x}{1!}+\frac{x^2}{2!}+\frac{x^3}{3!}+\cdots\cdots+\frac{x^n}{n!}$$

(2) $f_3(x)=1+x+\dfrac{x^2}{2!}+\dfrac{x^3}{3!}$

$$f_3'(x)=1+x+\frac{x^2}{2!}=\frac{1}{2}(x+1)^2+\frac{1}{2}>0$$

☞ **注1** 一般に $f_n(x)=0$ は，n が偶数ならば，実数解をもたず，n が奇数ならば，ただ1つの実数解をもち，しかも，その符号は負であることが，数学的帰納法で証明される．

☞ **注2** x が任意の実数について

$$e^x=1+\frac{x}{1!}+\frac{x^2}{2!}+\frac{x^3}{3!}+\cdots\cdots+\frac{x^n}{n!}+\cdots\cdots$$

となることが知られている．$f_n(x)$ は e^x の近似関数で，$x=1$ において接している．

$$f(0)=1,\ f(-2)=-\frac{1}{3}$$

$f_3(x)$ は増加関数で，$f(0)$ と $f(-2)$ は異符号であるから，0と-2の間に1つの実数解をもち，その他の区間には実数解をもたない．よって実数解は1つで，符号は負である．

(3) $f_4(x)=1+x+\dfrac{x^2}{2!}+\dfrac{x^3}{3!}+\dfrac{x^4}{4!}$

$$f_4'(x)=1+x+\frac{x^2}{2!}+\frac{x^3}{3!}$$

$f_4'(x)=f_3(x)$ であるから，(2)によって，$f_4'(x)=0$ は1つの実数解をもつから，それを α とすると，α の前後で $f_4'(x)$ は負から正にかわる．したがって，$f_4(x)$ は $x=\alpha$ で最小で，最小値は

$$f_4(\alpha)=f_3(\alpha)+\frac{\alpha^4}{4!}=\frac{\alpha^4}{4!}>0$$

$$\therefore\quad f_4(x)>0$$

$f_4(x)=0$ は実数解をもたない．

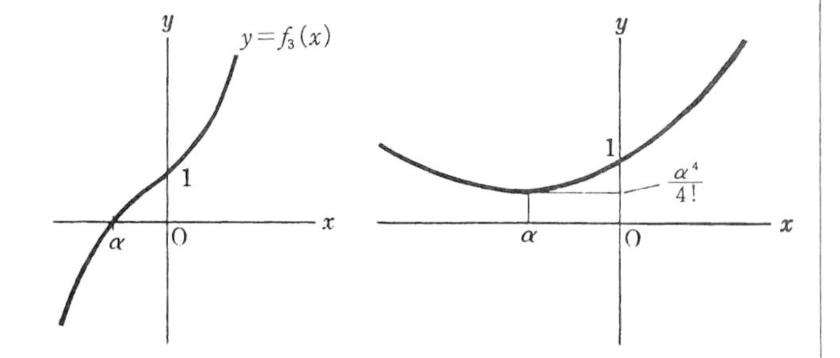

問題78

曲線 $\sqrt{x}+\sqrt{y}=1$ の接線が x 軸，y 軸と交わる点をA，Bとするとき，線分ABの最小値を求めよ．また，ABが最小になるときの x，y の値を求めよ．

方程式 $\sqrt{x}+\sqrt{y}=1$ のグラフは図のような曲線で，放物線の一部分であることが知られている．これを証明するには，座標軸を $\dfrac{\pi}{4}$ だけ回転してみればよい．

平方して $x+y+2\sqrt{xy}=1$

$$x+y-1=-2\sqrt{xy}$$

さらに平方してから書きかえると

$$(x-y)^2-2(x+y)+1=0$$

座標軸を $\dfrac{\pi}{4}$ 回転する式　$X=\dfrac{x+y}{\sqrt{2}}$，

$Y=\dfrac{-x+y}{\sqrt{2}}$ を代入して

$$2Y^2-2\sqrt{2}X+1=0$$

この欄を読めば得するよ！

解

$\sqrt{x}+\sqrt{y}=1$ の両辺を x について微分すると

$$\frac{1}{2\sqrt{x}}+\frac{1}{2\sqrt{y}}y'=0$$

$$\therefore \quad y'=-\frac{\sqrt{y}}{\sqrt{x}}$$

よって，曲線上の点 $\mathrm{P}(\alpha,\ \beta)$ における接線の方程式は

$$y=\beta=-\frac{\sqrt{\beta}}{\sqrt{\alpha}}(x-\alpha)$$

$y=0$ とおいて

$$x=\alpha+\sqrt{\alpha\beta}=\sqrt{\alpha}(\sqrt{\alpha}+\sqrt{\beta})=\sqrt{\alpha}$$

$x=0$ とおいて

$$y=\beta+\sqrt{\alpha\beta}=\sqrt{\beta}(\sqrt{\beta}+\sqrt{\alpha})=\sqrt{\beta}$$

$$\begin{aligned}\therefore \quad \mathrm{AB}^2&=\alpha+\beta=\alpha+(1-\sqrt{\alpha})^2\\&=2\alpha-2\sqrt{\alpha}+1\\&=2\left(\sqrt{\alpha}-\frac{1}{2}\right)^2+\frac{1}{2}\end{aligned}$$

$\sqrt{\alpha}=\frac{1}{2}$，すなわち $\alpha=\beta=\frac{1}{4}$ のとき，

AB は最小値 $\frac{1}{\sqrt{2}}$ をとる。

問題79

$0<n<1$ のとき，次の関数の最大値または最小値を求めよ。

$$f(x)=x^{2-2n}+(2-x^n)^{\frac{2-2n}{n}} \qquad (0\leqq x\leqq 2)$$

また，グラフの概形をかけ．

$f'(x)$ が0になる x の値 α を求めるまではやさしい．α の前後における $f'(x)$ の符号をみるところであきらめないように．関数 $f(x)=x^m$ $(x>0)$ は m が正ならば，増加関数であるから

$$x_1<x_2 \Longleftrightarrow x_1{}^m<x_2{}^m$$

$$f'(x)=(2-2n)x^{1-2n}$$

$$+\frac{2-2n}{n}(2-x^n)^{\frac{2-3n}{n}}(-nx^{n-1})$$

$$=\frac{2(1-n)}{x^{1-n}}\left\{x^{2-3n}-(2-x^n)^{\frac{2-3n}{n}}\right\}$$

$$=\frac{2(1-n)}{x^{1-n}}\left\{(x^n)^{\frac{2-3n}{n}}-(2-x^n)^{\frac{2-3n}{n}}\right\}$$

$2-3n=0$，すなわち $n=\dfrac{2}{3}$ のときは，

すべての x に対して $f'(x)=0$ で，このとき

$$f(x)=x^{\frac{2}{3}}+(2-x^{\frac{2}{3}})^1=2$$

よって $f_{\max}(x)=f_{\min}(x)=2$

$2-3n>0$ のとき $f'(x)=0$ となるのは

$$x^n=2-x^n \text{ すなわち } x=1$$

のときである．

$x>1 \Rightarrow x^n>1 \Rightarrow 2-x^n<1$

$\Rightarrow x^n>2-x^n \Rightarrow f'(x)>0$

$x<1 \Rightarrow x^n<1 \Rightarrow 2-x^n>1$

$\Rightarrow x^n<2-x^n \Rightarrow f'(x)<0$

よって $x=1$ のとき $f(x)$ は最小で

$$f_{\min}(x)=2$$

$2-3n<0$ のとき，上と同様にして，$x=1$ のとき $f(x)$ は最大で，

$$f_{\max}(x)=2$$

§9. 積　分　法

問題80

どんな2次関数 $F(x)$ に対しても,

$$\int_{-1}^{1} F(x)G(x)\,dx = 0$$

となる3次関数 $G(x)$ を求めよ.

$F(x) = px^2 + qx + r$, $G(x) = ax^3 + bx^2 + cx + d$ とおいて,定積分を計算する.計算の効率をよくするには,奇関数と偶関数の性質を用いるとよい.

つねに $f(-x) = f(x) \Longleftrightarrow f(x)$ は偶関数

つねに $f(-x) = -f(x) \Longleftrightarrow f(x)$ は奇関数

積分区間が $[-a, a]$ のときは,次の等式が成り立つ.

$f(x)$ が偶関数 $\Rightarrow \displaystyle\int_{-a}^{a} f(x)\,dx = 2\int_{0}^{a} f(x)\,dx$

$f(x)$ が奇関数 $\Rightarrow \displaystyle\int_{-a}^{a} g(x)\,dx = 0$

x^n は n が偶数ならば偶関数で,n が奇数ならば奇関数である.

この欄を読めば得するよ!

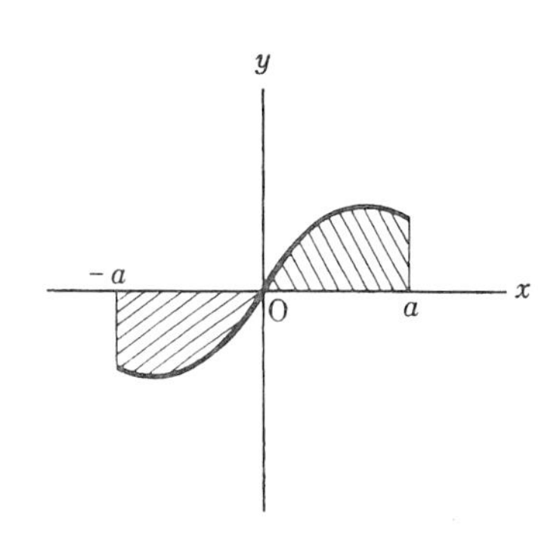

解

$F(x)=px^2+qx+r \quad (p \fallingdotseq 0)$

$G(x)=ax^3+bx^2+cx+d \quad (a \fallingdotseq 0)$ とおくと

$$\int_{-1}^{1}(px^2+qx+r)(ax^3+bx^2+cx+d)\,dx=0$$

奇関数は捨て，偶関数は残して

$$2\int_{0}^{1}\{(pb+qa)x^4+(pd+qc+rb)x^2+rd\}\,dx=0$$

$$\therefore \quad (pb+qa)\cdot\frac{1}{5}+(pd+qc+rb)\frac{1}{3}+rd=0$$

p，q，r は任意だから，上の式は p，q，r についての恒等式である．

したがって

$$\frac{b}{5}+\frac{d}{3}=0,\quad \frac{a}{5}+\frac{c}{3}=0,\quad \frac{b}{3}+d=0$$

これを解いて $b=0$，$c=-\dfrac{3}{5}a$，$d=0$

$$\therefore\quad G(x)=ax^3-\frac{3}{5}ax=a\left(x^3-\frac{3}{5}x\right)$$

$(a\neq 0)$

問題81

(1)　$a>0$ のとき，関数 a^x は，次のように書きかえられる．

$$a^x=\frac{a^x+a^{-x}}{2}+\frac{a^x-a^{-x}}{2}$$

$f(x)=\dfrac{a^x+a^{-x}}{2}$，$g(x)=\dfrac{a^x-a^{-x}}{2}$ は偶関数か，奇関数か．

(2)　任意の関数 $F(x)$ は，偶関数と奇関数との和として表されることを明らかにせよ．

(3)　$F(x)$ が区間 $[-a,\ a]$ で連続のとき，次の等式を証明せよ．

$$\int_{-a}^{a}F(x)\,dx=\int_0^a\{F(x)+F(-x)\}\,dx$$

偶関数というのは，定義域内のすべての値に対し $f(-x)=f(x)$ となる関数のこと．奇関数というのは，定義域内のすべての値に対して $f(-x)=-f(x)$ となる関数のこと．偶関数のグラフは y 軸について対称で，奇関数のグラフは原点について対称である．(2)は(1)を一般化する．(3)は(2)の結果を用いる．

(1)　$f(-x)=\dfrac{a^{-x}+a^x}{2}=f(x)$

$f(x)$ は偶関数

$$g(-x)=\frac{a^{-x}-a^x}{2}=-\frac{a^x-a^{-x}}{2}=-g(x)$$

$g(x)$ は奇関数

(2) $F(x)=\dfrac{F(x)+F(-x)}{2}+\dfrac{F(x)-F(-x)}{2}$

と書きかえる.

$f(x)=\dfrac{F(x)+F(-x)}{2}$,

$g(x)=\dfrac{F(x)-F(-x)}{2}$ とおくと

$$f(-x)=\frac{F(-x)+F(x)}{2}=\frac{F(x)+F(-x)}{2}=f(x)$$

$f(x)$ は偶関数

$$g(-x)=\frac{F(-x)-F(x)}{2}=-\frac{F(x)-F(-x)}{2}=-g(x)$$

$g(x)$ は奇関数

(3) $\displaystyle\int_{-a}^{a}F(x)\,dx$

$$=\int_{-a}^{a}\frac{F(x)+F(-x)}{2}dx+\int_{-a}^{a}\frac{F(x)-F(-x)}{2}dx$$

$$=2\int_{0}^{a}\frac{F(x)+F(-x)}{2}dx+0$$

☞ **注1** (3) $f(x)$ が偶関数ならば

$$\int_{-a}^{a}f(x)\,dx=2\int_{0}^{a}f(x)\,dx$$

$f(x)$ が奇関数ならば

$$\int_{-a}^{a}f(x)\,dx=0$$

となることを用いた.

☞ **注2** (3)を直接証明するときは，積分区間を $[-a,\ 0]$ と $[0,\ a]$ に分けて，置換積分を行えばよい.

$$\int_{-a}^{a}F(x)\,dx=\int_{-a}^{0}F(x)\,dx+\int_{0}^{a}F(x)\,dx$$

$x=-t$ とおくと，$x=-a$ のとき $t=a$，$x=0$ のとき $t=0$，$dx=-dt$

$$\therefore\ \int_{-a}^{0}F(x)\,dx=\int_{a}^{0}F(-t)(-dt)=-\int_{a}^{0}F(-t)\,dt=\int_{0}^{a}F(-t)\,dt=\int_{0}^{a}F(-x)\,dx$$

$$\therefore\ \int_{-a}^{a}F(x)\,dx=\int_{0}^{a}F(-x)\,dx+\int_{0}^{a}F(x)\,dx=\int_{0}^{a}\{F(x)+F(-x)\}dx$$

$$=\int_0^a \{F(x)-F(-x)\}dx$$

問題82

次の［　　］の中に偶関数ならば○，奇関数ならば×，その他の場合は△を入れよ。

(1) $f(x)$，$g(x)$ がともに奇関数ならば $f(x)g(x)$ は［　　］である。

(2) $f(x)$ が奇関数で，$g(x)$ が偶関数ならば，$f(x)g(x)$ は［　　］である。

(3) $f(x)$ が偶関数で微分可能ならば，$f'(x)$ は［　　］である。

(4) $f(x)$ が奇関数で微分可能ならば，$f'(x)$ は［　　］である。

(3)，(4)は，具体例 x^2，x^3 で予想を立てる。導関数の定義にもどって推論する。

この欄を読めば得するよ！

解

(1) ［ ○ ］ $F(x)=f(x)g(x)$ とおくと

$$\begin{aligned}F(-x)&=f(-x)g(-x)\\&=\{-f(x)\}\{-g(x)\}\\&=f(x)g(x)=F(x)\end{aligned}$$

(2) ［ × ］ $F(x)=f(x)g(x)$ とおくと

$$\begin{aligned}F(-x)&=f(-x)g(-x)\\&=\{-f(x)\}g(x)=-f(x)g(x)\\&=-F(x)\end{aligned}$$

(3) ［ × ］

$$f'(x)=\lim_{h\to 0}\frac{f(x+h)-f(x)}{h}$$

$$=-\lim_{h\to 0}\frac{f(-x-h)-f(-x)}{-h}$$

$$=-f'(-x)$$

(4) ［ ○ ］

$$f'(x)=\lim_{h\to 0}\frac{f(x+h)-f(x)}{h}$$

$$=\lim_{h\to 0}\frac{f(-x-h)-f(-x)}{-h}$$

$$=f'(-x)$$

☞ 注1 偶関数と奇関数の積は，正数と負数の積に似ている．
偶関数×偶関数＝偶関数
奇関数×奇関数＝偶関数
奇関数×偶関数
＝偶関数×奇関数＝奇関数

問題83

$f(x)$ は x についての 3 次関数で，$f(-3h)=p$，$f(-h)=q$，$f(h)=r$，$f(3h)=s$ のとき，定積分

$$S=\int_{-3h}^{3h}f(x)\,dx$$

を求めよ．

奇関数と偶関数の性質を用いて，計算を楽にする．

この欄を読めば得するよ！

$f(x)=ax^3+bx^2+cx+e\ (a\neq 0)$ とおくと

$$S=\int_{-3h}^{3h}(bx^2+e)\,dx+\int_{-3h}^{3h}(ax^3+cx)\,dx$$

$$=2\int_{0}^{3h}(bx^2+e)\,dx=2\left[\frac{b}{3}x^3+ex\right]_0^{3h}$$

$$=6h(3bh^2+e)$$

$f(-3h)=p$，$f(-h)=q$，$f(h)=r$，
$f(3h)=s$ から

$$-27ah^3+9bh^2-3ch+e=p \quad ①$$

$$27ah^3+9bh^2+3ch+e=s \quad ②$$

$$-ah^3+bh^2-ch+e=q \quad ③$$

$$ah^3+bh^2+ch+e=r \quad ④$$

①＋②　$18bh^2+2e=p+s$

③＋④　$2bh^2+2e=q+r$

この２式を bh^2 と e について解いて

$$bh^2=\frac{(p+s)-(q+r)}{16}$$

$$e=\frac{9(q+r)-(p+s)}{16}$$

$$\therefore\quad 3bh^2+e=\frac{(p+s)+3(q+r)}{8}$$

$$\therefore\quad S=\frac{3h}{4}(p+3q+3r+s)$$

問題84

$f(x)$，$g(x)$ は x の２次関数で

$$f(1)=g(1),\ f(2)=g(2),\ f(3)=4,\ g(3)=-2$$

のとき

$$F(p,\ q)=p\int_1^2 f(x)\,dx+q\int_1^2 g(x)\,dx$$

の最大値と最小値の差を求めよ．ただし $p\geqq 0$，$q\geqq 0$，$p+q=1$ とする．

$h(x)=f(x)-g(x)$ とおくと $h(1)=0$，$h(2)=0$ となることに目をつけ $h(x)=a(x-1)(x-2)$ とおく，定数 a は $f(3)$

この欄を読めば得するよ！

$=4$, $g(3)=-2$ によって定めよ．$p+q=1$ を使って q を消去すると $F(p,\ q)$ は1変数 p の1次関数になり，最大，最小は区間の端点でおきる．

解

$h(x)=f(x)-g(x)$ とおくと $h(1)=0$, $h(2)=0$ しかも $h(x)$ は2次以下の関数だから

$$h(x)=a(x-1)(x-2)$$

とおくことができる．

$$h(3)=f(3)-g(3)=6=2a \text{ から } a=3$$

$$\therefore\quad h(x)=3(x-1)(x-2)$$

$q=1-p$ を $F(p,\ q)$ に代入して

$$F(p,\ q)=p\left(\int_1^2 f(x)\,dx-\int_1^2 g(x)\,dx\right)+\int_1^2 g(x)\,dx$$

$$=p\int_1^2 h(x)\,dx+\int_1^2 g(x)\,dx$$

ここで

$$\int_1^2 h(x)\,dx=\int_1^2 (3x^2-9x+6)\,dx$$

$$=\left[x^3-\frac{9}{2}x^2+6x\right]_1^2=-\frac{1}{2}$$

$$\therefore\quad F(p,\ q)=-\frac{p}{2}+\int_1^2 g(x)\,dx$$

$0\leqq p\leqq 1$ であるから

$$F_{\max}=\int_1^2 g(x)\,dx \qquad F_{\min}=-\frac{1}{2}+\int_1^2 g(x)\,dx$$

$$F_{\max}-F_{\min}=\frac{1}{2}$$

問題85

放物線 $y=ax^2+bx+1$ の $x=-1$ から $x=1$ までの部分を x 軸のまわりに回転させたときにできる回転体の体積を最小にしたい。a，b の値をいくらにとればよいか。また体積の最小値はいくらか。

場合分けをしなくてよい。回転体の体積を求める公式

$$V=\pi\int_{-1}^{1} y^2\,dx$$

は，放物線が，x 軸と交わっても，交わらなくても成り立つ。

定積分を計算するとき，奇関数の項は捨てる。

$f(x)$ が奇関数のときは $\displaystyle\int_{-a}^{a} f(x)\,dx=0$

$f(x)$ が偶関数のときは

$$\int_{-a}^{a} f(x)\,dx=2\int_0^a f(x)\,dx$$

回転体の体積を V とすると

$$V=\pi\int_{-1}^{1}(ax^2+bx+1)^2\,dx$$

$$=\pi\int_{-1}^{1}\{a^2x^4+2abx^3+(2a+b^2)x^2+2bx+1\}dx$$

$$=2\pi\int_{0}^{1}\{a^2x^4+(2a+b^2)x^2+1\}dx$$

$$=2\pi\left(\frac{a^2}{5}+\frac{2a+b^2}{3}+1\right)$$

$$=\frac{2\pi}{5}\left\{\left(a+\frac{5}{3}\right)^2+\frac{5}{3}b^2+\frac{20}{9}\right\}$$

よって $a=-\frac{5}{3}$，$b=0$ のときに V は最小になる。

$$V_{\min}=\frac{8}{9}\pi$$

問題86

$f(x)=\frac{x}{x+1}$ の逆関数を $f^{-1}(x)$ とするとき，次の問に答えよ。

(1)　$f^{-1}(x)$ を求めよ。

(2)　$F(a)=\int_0^a f(x)\,dx+\int_0^a f^{-1}(x)\,dx$ を求めよ。ただし $0\leqq a\leqq 1$

(3)　$F(a)\geqq a^2$ であることを証明せよ。

逆関数を求めるには $y=\frac{x}{x+1}$ を x について解けばよい。$x=\frac{y}{1-y}$ となるから $f^{-1}(y)=\frac{y}{1-y}$ であるが，関数は変数を表す文字に

この欄を読めば得するよ！

は関係がないから，$f^{-1}(x)=\dfrac{x}{1-x}$ としても同じもの。

$F(a)\geqq a^2$ は，$F(a)-a^2$ を a の関数とみて，微分法によって変化を調べよ。

解

(1)　$f^{-1}(x)=\dfrac{x}{1-x}$

(2)　$f(x)=1-\dfrac{1}{1+x}$　$f^{-1}(x)=-1+\dfrac{1}{1-x}$

$0\leqq a<1$ であるから，$0\leqq x<1$ の範囲で考えると $x+1>0$，$1-x>0$

$$F(a)=\int_0^a\left(\frac{1}{1-x}-\frac{1}{1+x}\right)dx$$
$$=\Big[-\log(1-x)-\log(1+x)\Big]_0^a$$
$$=-\log(1-a^2)$$

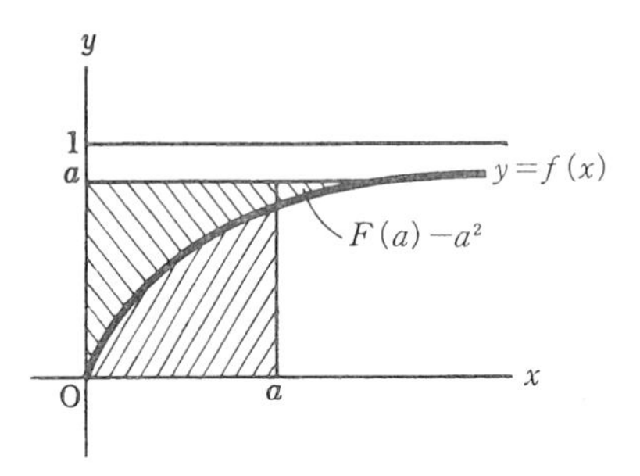

(3)　$G(a)=-\log(1-a^2)-a^2$ とおくと

$$G'(a)=\frac{2a}{1-a^2}-2a=\frac{2a^3}{1-a^2}>0,$$

$G(0)=0$

☞ **注1** (3)はグラフで図解すれば，$F(a)$ の値がわかっていなくとも簡単に証明できる。
$\int_0^a f^{-1}(x)\,dx$ を $\int_0^a f^{-1}(y)\,dy$ と書きかえてみよ。

☞ **注2** 一般に，$f(x)$ は $k>x\geqq 0$ において単調増加な連続関数で，$f(0)=0$ であるとする。
このとき，$k>a$，$b\geqq 0$ に対して

$$\int_0^a f(x)\,dx+\int_0^b f^{-1}(x)\,dx \geqq ab$$

である。等号は $b=f(a)$ のときに限って成り立つ。

この不等式をヤング（Young）の不等式という。証明は先の例にならって図解すればよい。

$f(x)=\dfrac{x}{1+x}$ は，上の条件をみたすから，ヤングの不等式にあてはまるのである。

$\therefore \quad G(a) \geqq 0 \ (0 \leqq a < 1)$

$\therefore \quad F(a) \geqq a^2$

問題87

関数 $f(x)=\dfrac{e^x-e^{-x}}{2}$ について，次の問に答えよ．ただし $a>0$ とする．

(1) $y=f(x)$ のグラフの概形をかけ．

(2) $f(x)$ の逆関数 $f^{-1}(x)$ を求めよ．

(3) $\displaystyle\int_0^a f(x)\,dx$ を a で表せ．

(4) $f(a)=b$ とするとき，$\displaystyle\int_0^a f(x)\,dx+\int_0^b f^{-1}(x)\,dx$ の値をグラフによって求め，a，b で表せ．

(5) (3)と(4)の結果から $\displaystyle\int_0^b f^{-1}(x)\,dx$ を求め，それを b のみの式で表せ．

e は証明するまでもなく，自然対数の底であって，e^x は微分しても，積分しても変わらない．e^x の逆関数 $\log x$ は，微分すると $\dfrac{1}{x}$，積分はむずかしく，部分積分法によらねばならない．

(3)から(5)までは，$\displaystyle\int_0^a f(x)\,dx$ の値をもとにして，$\displaystyle\int_a^b f^{-1}(x)\,dx$ の値を求めることを段階

この欄を読めば得するよ！

的に示したものである。

(1)　$f'(x)=\dfrac{e^x+e^{-x}}{2}>0$

よって $f(x)$ は単調増加関数である．x 軸との交点は

$e^x=e^{-x}$　　$e^{2x}=1$

から $x=0$ である。

$y=e^x$ と $y=-e^{-x}$ のグラフとをかき y 座標の平均をとる。

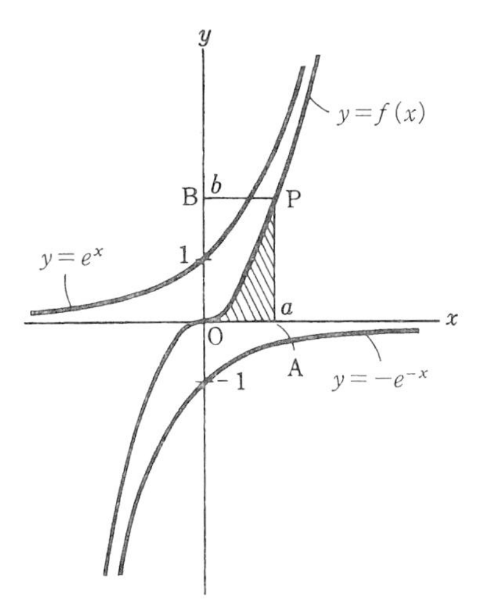

(2)　$y=\dfrac{e^x-e^{-x}}{2}$ から $(e^x)^2-2y(e^x)-1=0$

$e^x>0$だから

$e^x=y+\sqrt{y^2+1}$

$x=\log(y+\sqrt{y^2+1})$

$f^{-1}(x)=\log(x+\sqrt{x^2+1})$

☞ 注 $f^{-1}(x)$ の積分を直接求めるには，部分積分法による。

$$\int\log(x+\sqrt{x^2+1})\,dx$$

$$=x\log(x+\sqrt{x^2+1})-\int x\frac{1+\dfrac{x}{\sqrt{x^2+1}}}{x+\sqrt{x^2+1}}dx$$

$$=x\log(x+\sqrt{x^2+1})-\int\frac{x}{\sqrt{x^2+1}}dx$$

$$=x\log(x+\sqrt{x^2+1})-\sqrt{x^2+1}$$

(3) $\displaystyle\int_0^a f(x)\,dx=\left[\frac{e^x+e^{-x}}{2}\right]_0^a=\frac{e^a+e^{-a}}{2}-1$

(4) 長方形OAPBの面積に等しいから

$$\int_0^a f(x)\,dx+\int_0^b f^{-1}(x)\,dx=ab$$

(5) $\displaystyle\int_0^b f^{-1}(x)\,dx=ab+1-\frac{e^a+e^{-a}}{2}$

$b=f(a)$ から $a=f^{-1}(b)$

$$\therefore\quad b=\frac{e^a-e^{-a}}{2},\quad a=\log(b+\sqrt{b^2+1})$$

$$\frac{e^a+e^{-a}}{2}=\sqrt{\left(\frac{e^a-e^{-a}}{2}\right)^2+1}=\sqrt{b^2+1}$$

$$\therefore\quad \int_0^b f^{-1}(x)\,dx$$

$$=b\log(b+\sqrt{b^2+1})-\sqrt{b^2+1}+1$$

問題88

$f(x)$, $g(x)$ は区間 $[0,\ 1]$ で連続な関数で，恒等的に 0 ではないとする．このとき次の問に答えよ．

(1) 任意の実数 t に対して，次の不等式を証明せよ．

$$t^2\int_0^1\{f(x)\}^2dx+1\geqq 2t\int_0^1 f(x)\,dx$$

(2) 次の不等式をみたす定数kの最小値を求めよ．

$$\left(\int_0^1 f(x)\,dx\right)^2+\left(\int_0^1 g(x)\,dx\right)^2\leqq k\int_0^1(\{f(x)\}^2+\{g(x)\}^2)\,dx$$

t は積分変数でないから，t, t^2 は定積分の中へ入れることも出すことも自由にできる．

積分に関する不等式を導く基礎知識は

$$a>b,\ F(x)\geqq 0 \Rightarrow \int_a^b F(x)\,dx \geqq 0$$

である．$F(x)$ を連続関数とすると，右辺の等号は，$F(x)\geqq 0$ の等号が，つねに成り立つときに限る．

(2)は(1)をもとにして考える．

解

(1) 左辺を P，右辺を Q とおくと

$$P-Q=t^2\int_0^1\{f(x)\}^2dx-2t\int_0^1 f(x)\,dx+1 \quad ①$$

$$=\int_0^1 t^2\{f(x)\}^2dx-\int_0^1 2tf(x)\,dx+\int_0^1 dx$$

$$=\int_0^1 (t^2\{f(x)\}^2-2tf(x)+1)\,dx$$

$$=\int_0^1 (tf(x)-1)^2dx\geqq 0$$

$$\therefore\quad P\geqq Q$$

(2) ①は t についての2次関数で，しかも，負の値をとらないから

$$判別式=\left(\int_0^1 f(x)\,dx\right)^2-\int_0^1\{f(x)\}^2dx\leqq 0$$

$$\left(\int_0^1 f(x)\,dx\right)^2\leqq\int_0^1\{f(x)\}^2dx \quad ②$$

同様にして

☞ **注1** コーシーの不等式

$$(a^2+b^2)(x^2+y^2)\geqq(ax+by)^2$$

$$(a^2+b^2+c^2)(x^2+y^2+z^2)\geqq(ax+by+cz)^2$$

……………………………………

を積分へ拡張したのが

$$\int_a^b (f(x))^2dx\int_a^b (g(x))^2dx\geqq\left(\int_a^b f(x)g(x)\,dx\right)^2 \quad (a<b) \quad ④$$

本問の②は，この特殊の場合である．すなわち $g(x)=1$，$a=0$，$b=1$ とした場合にあたる．④を証明するには

$$\int_a^b (tf(x)-g(x))^2dx\geqq 0$$

をもとにして，解(1)の計算を逆にたどる．

☞ **注2** 不等式 $f(x)\leqq kg(x)$ $(g(x)>0)$ をみたす k の最小値を求めよという問題では，$\dfrac{f(x)}{g(x)}$ の最大値 G を求めると $G\leqq k$ となるから，G が答えになる．

$$\left(\int_0^1 g(x)\,dx\right)^2 \leqq \int_0^1 \{g(x)\}^2 dx \quad ③$$

②＋③から

$$\left(\int_0^1 f(x)\,dx\right)^2 + \left(\int_0^1 g(x)\,dx\right)^2$$

$$\leqq \int_0^1 (\{f(x)\}^2 + \{g(x)\}^2)\,dx$$

右辺は正であるから，左辺を A，右辺を B とすると

$$\frac{A}{B} \leqq 1 \qquad \therefore \quad 1 \leqq k$$

よって，k の最小値は 1 である．

問題89

次の不等式を証明せよ．

(1) $\displaystyle\int_0^1 \sqrt{1+x^4}\,dx \leqq \frac{\sqrt{30}}{5}$　　(2) $\displaystyle\int_0^{\frac{\pi}{2}} \sqrt{\sin x}\,dx \leqq 1$

積分に関するコーシーの不等式の特殊な場合

$$\left(\int_a^b f(x)\,dx\right)^2 \leqq \int_a^b (f(x))^2 dx \qquad ①$$

を利用する．

(1) 上の不等式で $a=0$，$b=1$，$f(x)=\sqrt{1+x^4}$ とおくと

$$\left(\int_0^1 \sqrt{1+x^4}\,dx\right)^2 \leqq \int_0^1 (1+x^4)\,dx$$

$$=\left[x+\frac{x^5}{5}\right]_0^1=\frac{6}{5}$$

$$\therefore\quad \int_0^1\sqrt{1+x^4}\,dx\leqq\frac{\sqrt{30}}{5}$$

(2) ①において $a=0$, $b=\frac{\pi}{2}$, $f(x)=\sqrt{\sin x}$ とおく。

$$\left(\int_0^{\frac{\pi}{2}}\sqrt{\sin x}\,dx\right)^2\leqq\int_0^{\frac{\pi}{2}}\sin x\,dx$$

$$=\left[-\cos x\right]_0^{\frac{\pi}{2}}=1$$

$$\therefore\quad \int_0^{\frac{\pi}{2}}\sqrt{\sin x}\,dx\leqq 1$$

問題90

(1) $f(x)=ax+b$ $(a\neq 0)$ のとき，任意の実数 a, b に対して

$$\int_0^1 f(x)f'(x)\,dx\leqq k\left(\int_0^1 f(x)\,dx\right)^2$$

を成り立たせる定数 k が存在するか。

(2) a, b がともに正のときはどうか。

$f(x)=ax+b$ とおいて，両辺の積分を計算し，右辺－左辺≧0 となるための条件を求めればよい。

(1) $f(x)=ax+b$ とおくと $f'(x)=a$，左辺を P，右辺の $(\quad)^2$ を Q とおくと

$$P=\int_0^1 f(x)f'(x)\,dx=\int_0^1(ax+b)a\,dx$$

$$=\left(\frac{a}{2}+b\right)a$$

$$Q=\left(\int_0^1 f(x)\,dx\right)^2=\left(\int_0^1(ax+b)\,dx\right)^2$$

$$=\left(\frac{a}{2}+b\right)^2$$

$b=-\dfrac{a}{2}$ $(a=-2b)$ のとき $P=Q=0$ だから $P\leqq kQ$ をみたす k は任意の実数でよい。

$b\fallingdotseq-\dfrac{a}{2}$ $(a\fallingdotseq-2b)$ のとき，$Q>0$，$P>0$ の場合を考える。

$$\frac{P}{Q}=\frac{2a}{a+2b}$$

a を一定にしておいて，b を $-\dfrac{a}{2}$ に近づけると $\dfrac{P}{Q}$ は限りなく大きくなるから

$\dfrac{P}{Q}\leqq k$ すなわち

$P\leqq kQ$

をみたす実数 k は存在しない。

答　存在しない

(2)　a，$b>0$ ならば図から

$\dfrac{P}{Q}<2$ よって $2\leqq k$ なる k に対して

$\dfrac{P}{Q}<k$ したがって

$P<kQ$ が成り立つ。

答　存在する

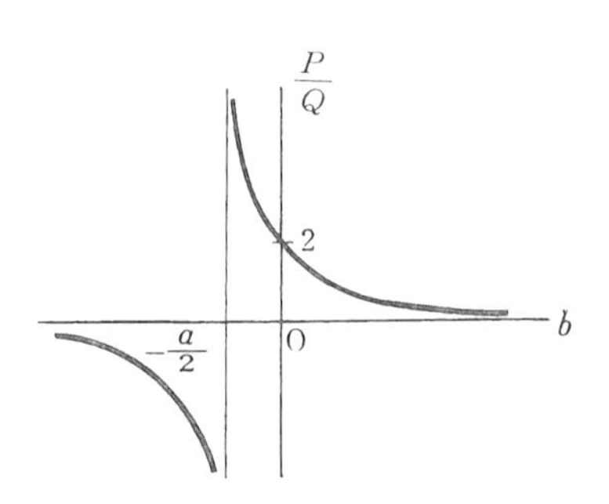

問題91

$y=\displaystyle\int_1^x \frac{1}{t}dt$ とおくと，正の数 x に対して y の値が 1 つ定まるから，y は x の 1 価関数である。これを $y=f(x)$ とおくとき，次の問に答えよ。

(1)　a，$b>0$ のとき $f(ab)=f(a)+f(b)$ を示せ。

(2)　$a>0$ のとき $f\left(\dfrac{1}{a}\right)=-f(a)$ を示せ。

(3)　級数 $1+\dfrac{1}{2}+\dfrac{1}{3}+\cdots\cdots$ は∞に発散することが知られている。

これを用いて $\displaystyle\lim_{x\to\infty}f(x)=\infty$ を示せ。

また $\displaystyle\lim_{x\to 0}f(x)=-\infty$ を示せ。

(4)　任意の実数 y に対して x の正の値が 1 つ定まることを証明せよ。

(5)　x は y の１価関数であるから，それを $x=g(y)$ とおけば，

$$g(A+B)=g(A)g(B)$$

である．これを証明せよ．

対数関数 $\log x$，指数関数 e^x は知らないものとし，問題に与えられた式のみを頼りに考える．関数 g は関数 f の対応を逆にしたもので，逆関数である．したがって f によって，a に A が対応したとすれば，g によって A に a が対応する．

$$f(a)=A \Longleftrightarrow g(A)=a$$

この２式から

$$g(f(a))=a \qquad f(g(A))=A$$

解

(1)　$f(ab)=\displaystyle\int_1^{ab}\frac{1}{t}dt=\int_1^{a}\frac{1}{t}dt+\int_a^{ab}\frac{1}{t}dt$

ここで $t=au$ とおくと $dt=adu$

$t=a$ のとき $u=1$，$t=ab$ のとき $u=b$

$$\therefore \quad \int_a^{ab}\frac{1}{t}dt=\int_1^{b}\frac{1}{au}adu=\int_1^{b}\frac{1}{u}du$$

$$=\int_1^{b}\frac{1}{t}dt$$

$$f(ab)=\int_1^{a}\frac{1}{t}dt+\int_1^{b}\frac{1}{t}dt$$

$$=f(a)+f(b)$$

(2)　(1)によって

$$f(a)+f\left(\frac{1}{a}\right)=f\left(a\cdot\frac{1}{a}\right)=f(1)=0$$

$$\therefore\quad f\left(\frac{1}{a}\right)=-f(a)$$

(3) $x>1$とする。xの整数部分をnとすると

$$\int_1^n \frac{1}{t}dt \leqq f(x)$$

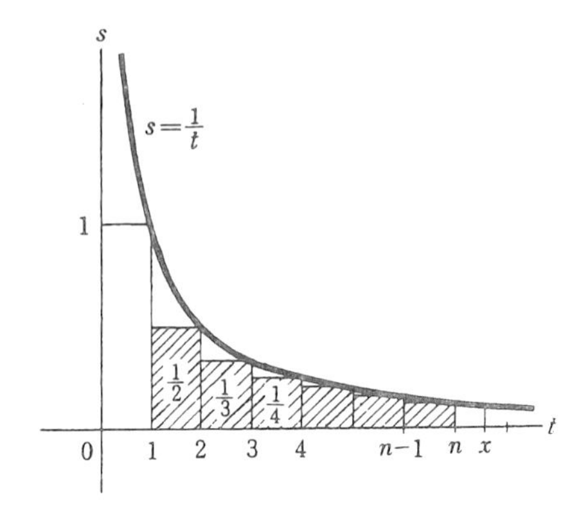

区分求積法によって

$$\frac{1}{2}+\frac{1}{3}+\cdots\cdots+\frac{1}{n}<\int_1^n \frac{1}{t}dt$$

$S_n=1+\dfrac{1}{2}+\cdots\cdots+\dfrac{1}{n}$ とおくと

$$S_n-1<\int_1^n \frac{1}{t}dt \leqq f(x)$$

$x\to\infty$ のとき $n\to\infty$ で，$S_n-1\to\infty$ となるから

$$\int_1^n \frac{1}{t}dt\to\infty \qquad \therefore\quad f(x)\to\infty$$

$0<x<1$ のときは $\dfrac{1}{x}=z$ とおくと $x\to 0$

のとき $z\to\infty$

$$\therefore\quad f(x)=f\left(\frac{1}{z}\right)=-f(z)\to-\infty$$

(4)　$y=f(x)$ において，x が正の数の値をとって変わると，y は実数の全範囲の値をつくす．しかもこの関数は単調増加であるから，任意の実数 y に対して正の数 x がそれぞれ1つ定まる．

(5)　$g(A)=a$，$g(B)=b$ とおくと

$A=f(a)$，$B=f(b)$

$$\therefore\quad A+B=f(a)+f(b)$$

(1)によって

$A+B=f(ab)$

$$\therefore\quad g(A+B)=ab$$

$$\therefore\quad g(A+B)=g(A)g(B)$$

☞ 注 関数（写像）は対応であることになれることが，先決問題である．ふつう1価関数を単に関数という．f を1価関数とし，その逆対応 f^{-1} も1価関数のときは，次の関係がある．

$f(x)=y \Longleftrightarrow f^{-1}(y)=x$,

$f(f^{-1}(x))=f^{-1}(f(x))=x$

$$\begin{array}{c} a\longleftarrow A\\ b\longleftarrow B\\ g\\ \Downarrow\\ f\\ a\longrightarrow A\\ b\longrightarrow B\\ ab\longrightarrow A+B \end{array}$$

問題92

$f(x)=\displaystyle\int_0^x\frac{dt}{1+t^2}$ とおくとき，つぎの問に答えよ．

(1)　$\gamma=\dfrac{\alpha+\beta}{1-\alpha\beta}$ のとき，$\displaystyle\int_\alpha^\gamma\frac{dt}{1+t^2}=\int_0^\beta\frac{dt}{1+t^2}$ となることを，$u=\dfrac{t-\alpha}{\alpha t+1}$ とおいた置換積分によって証明せよ．

(2)　(1)を用いて $f(\alpha)+f(\beta)=f\left(\dfrac{\alpha+\beta}{1-\alpha\beta}\right)$ を証明せよ．

前問にならう．置換積分の計算を慎重に．

この欄を読めば得するよ！

解

(1) $u=\dfrac{t-\alpha}{\alpha t+1}$ ①

$t=\alpha$ とおくと $u=0$

$t=\gamma$ とおくと

$$u=\frac{\gamma-\alpha}{\alpha\gamma+1}=\frac{(\alpha+\beta)-\alpha(1-\alpha\beta)}{\alpha(\alpha+\beta)+(1-\alpha\beta)}=\beta$$

①を t について解けば $t=\dfrac{u+\alpha}{1-\alpha u}$

$$1+t^2=1+\left(\frac{u+\alpha}{1-\alpha u}\right)^2=\frac{(1+u^2)(1+\alpha^2)}{(1-\alpha u)^2}$$

また $\dfrac{dt}{du}$

$$=\frac{1\cdot(1-\alpha u)-(u+\alpha)(-\alpha)}{(1-\alpha u)^2}$$

$$=\frac{1+\alpha^2}{(1-\alpha u)^2}$$

$$\therefore \int_\alpha^\gamma \frac{dt}{1+t^2}=\int_0^\beta \frac{(1-\alpha u)^2}{(1+u^2)(1+\alpha^2)}\cdot\frac{1+\alpha^2}{(1-\alpha u)^2}du$$

$$=\int_0^\beta \frac{du}{1+u^2}=\int_0^\beta \frac{dt}{1+t^2}$$

(2) $$f\left(\frac{\alpha+\beta}{1-\alpha\beta}\right)=f(\gamma)=\int_0^\gamma \frac{dt}{1+t^2}$$

$$=\int_0^\alpha \frac{dt}{1+t^2}+\int_\alpha^\gamma \frac{dt}{1+t^2}$$

$$=\int_0^\alpha \frac{dt}{1+t^2}+\int_0^\beta \frac{dt}{1+t^2}$$

$$=f(\alpha)+f(\beta)$$

著者紹介：

石谷　茂（いしたに・しげる）

大阪大学理学部数学科卒

主　書　初めて学ぶトポロジー
∀と∃に泣く
$\varepsilon-\delta$に泣く
Max と Min に泣く
Dim と Rank に泣く
2次行列のすべて
入門入門群論
エレガントな入試問題解法集　上・下
数学の本質をさぐる 1，2，3
初学者へのひらめき実例数学
高みからのぞく大学入試数学　現代数学の序開　上・下
現数 Select No.8，No.9，No.12，No.13

（以上 現代数学社）

現数 Lecture Vol.1　数学問題 100 選

2024 年 12 月 21 日　　初版第 1 刷発行

著　者　　石谷　茂
発行者　　富田　淳
発行所　　株式会社　現代数学社
〒606-8425 京都市左京区鹿ヶ谷西寺ノ前町 1
TEL 075 (751) 0727　FAX 075 (744) 0906
https://www.gensu.co.jp/

装　幀　　中西真一（株式会社 CANVAS）

印刷・製本　　有限会社 ニシダ印刷製本

ISBN978-4-7687-0650-3　　Printed in Japan